高等学校电子信息类规划教材

电子系统设计与实践实验教程

张　虹　金印彬　主编

刘宁艳　张　璞　参编

U0379593

西安电子科技大学出版社

内 容 简 介

本书介绍了电子系统设计与实践实验课程的概况和系统设计的基本方法，并重点围绕 51 系列单片机应用系统的开发，详细介绍了开发使用的硬件平台和软件工具、系统设计中常用程序的设计方法、一些专用芯片的功能和具体应用，以及常见的接口电路。另外，本书还提供了大量具有实用性和趣味性的选题供学生在进行系统设计时选做。

本书既可供高等学校电气工程、计算机科学与技术、控制科学与工程、电子信息工程、生物医学工程等专业学生参考，亦可供电子工程师和业余爱好者选读。

图书在版编目(CIP)数据

电子系统设计与实践实验教程/张虹，金印彬主编. —西安：西安电子科技大学出版社，2018.6
ISBN 978 - 7 - 5606 - 4889 - 7

Ⅰ. ① 电… Ⅱ. ① 张… ② 金… Ⅲ. ① 电子系统—系统设计—高等学校—教材
Ⅳ. ① TN02

中国版本图书馆 CIP 数据核字(2018)第 071775 号

策　　划　邵汉平
责任编辑　许青青
出版发行　西安电子科技大学出版社(西安市太白南路 2 号)
电　　话　(029)88242885　88201467　　　邮　　编　710071
网　　址　www.xduph.com　　　　　　电子邮箱　xdupfxb001@163.com
经　　销　新华书店
印刷单位　陕西天意印务有限公司
版　　次　2018 年 6 月第 1 版　2018 年 6 月第 1 次印刷
开　　本　787 毫米×1092 毫米　1/16　印张 12.5
字　　数　292 千字
印　　数　1～2000 册
定　　价　29.00 元
ISBN 978 - 7 - 5606 - 4889 - 7/TN

XDUP 5191001 - 1

前　　言

　　加强实践教学、提高学生解决实际问题的能力、培养学生的创新意识是高等教育改革的重要举措。如何使学生将理论知识融会贯通、理论与具体应用相结合是目前教学中需要重点解决的问题之一。电子技术的学习尤其不能仅仅停留在理论学习的层面，更应面向实际应用。微电子技术、计算机技术的飞速发展不但使电子产品更加小型化、智能化，而且给电子产品的设计带来了前所未有的变革。微处理器、微控制器、可编程技术在设计中的应用使传统的以硬件为主的设计向软件设计发展，如何在不断出现的新技术、新器件面前引领学生进入电子产品开发的世界，也是一个值得思考的问题。

　　设置电子系统设计与实践实验课程正是解决这些问题的一种尝试和探索。本书以单片机应用系统的开发为主线，通过从模块级向系统级的逐步加深和过渡，一步步帮助学生建立起中断、查询、地址分配、软硬件协同设计等基本概念；通过对接口的扩展、专用集成芯片的开发训练，帮助学生建立搜集和利用现有资源进行设计的理念；通过设计、制作和调试这样一个完整的系统设计过程，培养学生综合运用所学知识解决实际问题的能力。本书的目标是引领学生使其为今后从事更为复杂的电子系统开发工作打好基础。

　　本书的基础实验以西安交通大学王建校老师带头研制的多功能电子学习机为依托。该学习机既可视为一个实验箱，也可视为一个电子系统设计的实例。

　　本书由张虹、金印彬主编，刘宁艳和张璞参编。王建校老师作为系统设计课程的开拓者，在本书的内容编排和实验开发中做出了很大贡献，在此表示衷心的感谢。在实验开发和本书编写过程中，课题组的其他老师和研究生也给予了帮助，在此致以诚挚的谢意。

　　限于时间和水平，书中不妥之处在所难免，恳请读者批评指正。

作　者

2018 年 3 月

于西安交通大学

目　录

第1章 实验导读

本章主要介绍电子系统设计与实践实验课程的实验目的和要求、实验实施细则以及系统设计的一般方法，使学生对课程有一个总体的认识。

1.1　实验目的和要求

当前用人单位最需要的是掌握实用技术、能解决实际问题、具有独立工作能力和创新性的人才，而不是只会解题的人。电子系统设计与实践实验课程的宗旨就是提供这样一个平台，通过设计训练，培养学生综合运用知识解决实际问题的能力，帮助其建立起独立、创新的意识。

电子系统设计与实践实验课程充分体现了实践性和应用性，要求学生综合运用所掌握的知识和技术（如模拟电子技术、数字电子技术、单片机技术、可编程逻辑器件技术等），自己动手设计一个具有一定实用价值的小型电子系统（如语音出租车计价器、智能超声波测距仪）。在课程学习中，需要学生自己构建硬件电路，编写软件代码，并最终通过答辩和作品的验收。

通过学习电子系统设计与实践实验课程，学生应达到以下基本要求：

（1）能够运用电子技术、微处理器技术等课程中所学到的理论知识独立完成设计方案。

（2）掌握查阅手册和文献资料，尤其是利用网络资源搜集相关信息的本领，提高独立分析和解决实际问题的能力。

（3）进一步熟悉常用电子元器件的类型与特性，学会使用一些常用的集成电路芯片，包括一些专用芯片、可编程器件。

（4）掌握现代电子技术设计工具和 EDA 技术的基本知识。

（5）学会电子电路的安装与调试技巧。

（6）进一步熟悉电子仪器的正确使用方法。

（7）学会撰写系统设计的总结报告，培养严谨的作风与科学的态度。

1.2　实验实施细则

1.2.1　实验模式

实验分为两个主要阶段。第一阶段是基本训练，学生通过本书第 2 章到第 5 章的学习，可掌握硬件开发平台和 KEIL51 开发软件的使用方法，了解单片机应用系统设计中常用软件的编程，以及一些专用芯片与接口电路的设计和使用。

第二个阶段进入系统设计。设计的题目可以来自于第 6 章，也可以是后续扩充的题目。除了课程本身提供的选题外，学生还可以根据兴趣爱好自行拟定设计题目，给出设计的目的和任务，以及具体的指标和要求，但需征得任课老师同意后方可实施。注意，每个设计题目有不同的难度系数，在评定成绩时会有所体现，所以选择不同难度系数的题目可能会影响最后的成绩。

考虑到设计的工作量比较大，进行系统设计时一般两人组队，每个队员根据自己的能力和特长承担一部分工作，具体分工由队员自行商量决定。

在系统设计实施阶段，除了按照设计的一般方法和步骤进行外，应该在方案的选择和论证完成后专门安排一次开题报告，每组队员需要介绍自己的选题要求，与课题相关的背景，几种可行的设计方案及其各自的优缺点，拟实施方案的硬件电路结构框图和原理图、软件设计流程、进度安排以及拟解决的关键技术问题等。在答辩合格后方可进入下一阶段。另外，在元器件焊接、安装完成后，需进行模块电路的测试，并提交测试程序和测试报告。

1.2.2　考核办法

系统设计的整个工作完成后需提交的文件包括：

（1）设计报告：要求格式规范，条理清晰，在 A4 纸上打印。

（2）电路图：包括电气原理图、元器件布局图、PCB 板图，在 A4 纸上打印。

（3）实物样品：电路板焊接要求美观、大方，连接线可靠。

实验成绩主要根据答辩验收情况来确定。答辩前需要打印老师提供的验收单，并自行填写设计题目、创新性、分工情况等相关信息。表 1-1 给出了验收的具体评定项目。系统设计开始前请根据该表认真考虑设计选题以及队员的具体分工，以免影响最后的成绩。

表 1-1　验收的评定项目

序号	工作项目	具 体 要 求
1	平时成绩	根据到课情况及平时表现给分
2	题目难度	根据题目难度及完成情况给分
3	报告	书写规范、认真；包含整体系统框图、系统工作原理、软件流程图、系统设计程序、自己设计的原理图、电路参数计算、各模块及系统的测试记录
4	PPT	条理清晰、简洁明了，包含硬件系统框图、软件流程图、测试结果
5	创新部分	根据系统创新内容给分
6	原理图	掌握硬件电路；原理图用 A4 或者 A3 图纸制作，可进行层次化设计（有顶层图）；原理图正确，设计规范；集成电路的电源、地必须连接

序号	工作项目	具 体 要 求
7	PCB	布局合理,电气连接正确;网表和封装必须与原理图一致;禁止自动布线,走线美观,走线拐角应大于 90°;电源、地线宽大于 30 mil(注:1 mil = 0.0254 mm),信号线的线宽为 10 mil;地正反面覆铜;PCB 尺寸应与实物一致;应掌握 PCB 封装的设计方法;PCB 封装应与实物一致
8	电路板焊接	焊接正确、美观,无飞线;电路板能正常工作
9	测试程序及测试报告	使用到的模块必须有独立的测试程序;测试报告中应有详尽的测试记录(数据表格或者图片)
10	系统软件	实现完整功能,且具有友好的人机交互功能;程序编写规范,结构清晰,使用模块化设计;能清晰阐述程序功能
11	系统调试	功能满足要求,并具有友好的人机交互功能;必须有测试方法、结果、记录表及测试结果分析

1.3 系统设计准备

究竟什么是电子系统,拿到设计任务后该如何开始呢?下面我们就一起来了解一下电子系统的设计方法和报告的撰写,为系统设计提前做准备。

电子系统其实是由一组相互连接、相互作用的基本单元电路组成的,能够产生、传输或处理电信号及信息的客观实体。按照电子系统中所处理信号的特点,一般可将电子系统分为模拟型、数字型和模数混合型。随着电子技术的发展,电子产品的复杂性和综合性在不断加深,所以目前的电子系统多以模数混合型为主。

集成电路技术和计算机辅助技术的迅猛发展使电子系统的设计从传统的单纯硬件设计变为计算机软硬件协同设计,大大简化了设计过程,缩短了设计周期。目前,以微处理器(MicroProcessor Unit,MPU)、微控制器(MicroController Unit,MCU,即俗称的单片机)、可编程器件(Programmable Logic Device,PLD)等为核心的电子系统已成为主流,共享 IP(Intellectual Property,知识产权)的开放式系统设计也在逐渐发展壮大。

电子系统种类繁多,千差万别,但设计中都应遵循一定的方法和规则。

1.3.1 设计方法

进行电子系统设计时,首先要明确系统设计的目标,根据设计任务选择和论证方案。总体方案确定后,就可以进行具体设计。如图 1-1 所示,一般电子系统有自顶向下、自底向上以及两者相结合等设计方法。

自顶向下的方法是按"系统—子系统—功能模块—单元电路—元器件—印制板图"的流程,即按照由大到小、由粗到细的思路进行设计的。设计时从系统级开始,根据任务和系

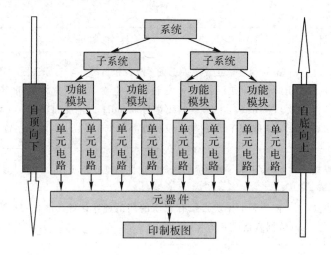

图 1-1　系统设计方法示意图

统指标要求,将系统划分为若干规模适当、功能单一且相对独立的子系统。之后,独立设计每一子系统,确定具体的元器件,并绘制线路原理图和印制电路板图。

自底向上的设计步骤与自顶向下正好相反,这是传统电子系统设计常采用的方法。在现代电子系统设计中一般采用自顶向下的方法,该法可同时兼顾设计周期、系统性能和成本。但自底向上的设计方法在系统的组装、调试以及以 IP 核为基础的超大规模片上系统设计中仍在采用。因此,复杂的电子系统设计往往是自顶向下和自底向上相互交织、反复多次的过程。

进行系统设计时无论采用何种方法,都应遵循相应的原则:

(1) 确保每一级设计的正确性和合理性,技术指标应留有余地。

(2) 各子系统之间、模块之间,其功能上应尽量相对独立。

(3) 各层设计中遇到的问题应及时解决,不可以将问题传给下层。如果本层解决不了,必须将问题反馈到上一层,在上一层中解决。

(4) 软件、硬件协同设计,充分利用单片机和可编程逻辑器件的可编程功能,在软硬件之间寻找平衡。

1.3.2　设计步骤

图 1-2 所示为电子系统设计过程。系统设计一般需要经历如下几个过程:课题分析,总体方案设计与论证,单元电路设计与参数计算,电路板制作、安装和调试,系统性能指标测试。

1. 课题分析

课题分析就是根据技术指标的要求,做好充分的调查研究,弄清楚系统所要求的功能和性能指标,以及目前该领域中所达到的水平,有无相似电路可供借鉴,如果有类似的电子产品,存在什么不足或缺陷,需要做何种改动或电路参数调整,新设计的电路性能有何指标要求,对可行性做出切合实际的判断。对设计者来讲,除了具备公共的基础知识外,还应具备特定设计题目所应有的知识背景,否则就无法理解题意,更不知如何开始设计工作。

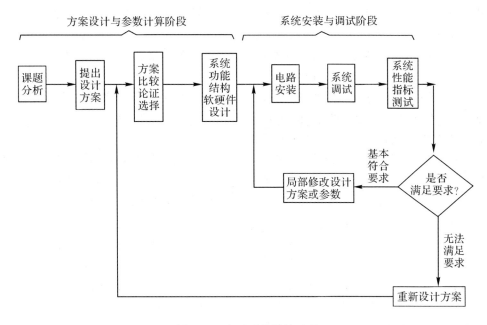

图 1-2 电子系统设计过程

2. 总体方案设计与论证

在全面分析了设计任务书的技术指标和功能要求之后,根据已掌握的资料,按系统要求,提出设计方案,把系统合理分解成若干子系统,并画出各单元电路框图和系统总体原理框图。

原理方案的提出至关重要,应尽量借助网络、图书馆等资源广泛收集和查阅相关资料,广开思路,提出尽可能多的设计方案,然后经过详细的方案比较和论证,从可行性、稳定性、可靠性、成本、功耗等方面进行比较,最后确定最佳方案。

在确定总体方案时,应尽量考虑以微处理(如单片机、嵌入式微处理)为核心的电子系统设计方法,这样可大大提高系统的性能,缩短开发周期,提高系统功能的可扩展性。

3. 单元电路设计与参数计算

总体方案确定以后,便可以进行单元电路的选择与设计,主要包括电路原理的设计、结构的设计、软硬件的划分、元器件的选择以及主要参数的计算等。

应尽量选用市场上提供的、满足系统性能要求的中大规模集成电路。另外,应注意控制系统成本,尤其在设计产品时,尽量做到最优的性能价格比。因此,应尽可能熟悉常用数字或模拟集成电路的性能和特点,根据集成电路的技术要求,正确设计外围电路和参数;选择合适的芯片,满足电路的工作电压、电流及极限参数的要求;保证各功能块协调一致地工作,采用适当的耦合方式连接模拟信号,对于数字部分,应避免竞争冒险和过渡干扰脉冲,以免发生控制失误。

4. 电路板制作、安装和调试

该阶段的主要任务是绘制电路原理图和印制电路板图,制作完成后进行元器件的安装和调试。电路原理图是电子电路设计的结晶,是电路安装、调试和维修时不可缺少的文件。

电路板 EDA(Electronic Design Automation)设计软件很多，目前国内常用的有 Altium、Cadence 以及 Mentor 等公司的系列软件，其中 Altium Designer 是 Altium 公司继 Protel 系列产品之后推出的高端设计软件，功能强大，操作方便，除了具有原理图和印制电路板设计功能外，还增加了很多高端功能。

电路原理图虽然不是实际接线图，并非代表各元器件和连线的实际位置，但是，原理图应能清晰、明确地反映电路的组成、工作原理、各部分之间的关系以及各个信号的流向。因此，图纸的布局、符号、文字标准都应规范统一。

印制电路板图是实际的接线图，应反映各元器件和连线的实际位置，所以，各元器件的封装应与印制电路板图中的封装一致，否则会导致无法安装。绘制印制电路板图时应注意电路的整体结构布局和元器件安装布局。布局的优劣不仅影响电路板的美观、调试和维修，对系统电气性能也有一定影响。

电路的安装与调试在电子工程技术中占有重要地位。任何设计方案都要经过安装、调试和修改后才能成型，系统设计实验亦是如此。要取得满意的实验效果，不仅要求电路原理和测试方法正确，还与电路安装的合理性紧密相关。另外，在系统安装完毕后，认真、细致的调试也是必不可少的。调试中常用的仪器仪表有万用表、示波器、信号发生器、逻辑分析仪等。只有经过调试，系统才能获得满意的性能。

调试分为模块调试和整体调试。首先应按照功能划分对各模块分别进行调试。分块调试可以缩小问题出现的范围，便于解决。调试时最好按信号流向逐块进行。模块调试完成后再进行整体调试。目前的电子系统往往包含模拟电路、数字电路和微机控制系统等三部分，由于它们对输入信号的要求各不相同，因此一般不要直接联调和总调，而应先分三部分分别进行调试，再进行整机调试。

5. 系统性能指标测试

软硬件联合调试后，需测试系统的整体性能指标，看是否满足误差、精度、测量范围等方面的技术要求。如果不满足，需分析原因并对系统软硬件结构或相关元器件进行局部修改或更换。若有些是设计方案先天不足造成的问题，则可能要推翻重来。

1.3.3　设计文档

每一级设计结果都应保存相应的图纸和文件，包括方框图、流程图、单元电路图、总体电路原理图等。PLD 设计应有顶层原理图、模块原理图和代码(用硬件描述语言设计时)。单片机设计应有程序流程图和相关注释。

设计报告是设计完成后需要提交的重要文档。设计报告全面总结和归纳设计、安装、调试步骤和技术参数，可将实践内容提升到理论高度。设计报告通常应包括：

(1) 设计题目。

(2) 设计任务与要求。

(3) 摘要。这部分用简练的文字概括主要的设计思路、特色和结果。

(4) 方案选择与论证。这部分提出原理性方案并比较论证，给出设计思路和软硬件的总体划分情况，对原理框图分解、细化，画出比较具体的总体方案框图，其中的每一小框图应能用一个比较简单的单元电路来实现。

(5) 单元电路设计和系统原理图。这部分应给出单元电路的结构、选择的具体元器件

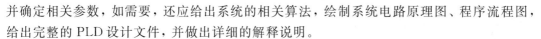

并确定相关参数，如需要，还应给出系统的相关算法，绘制系统电路原理图、程序流程图，给出完整的 PLD 设计文件，并做出详细的解释说明。

（6）使用的主要仪器仪表和调试方法。这部分根据题目的设计要求确定系统功能的验证方法及系统性能指标的测试方法，列出测试所用仪器仪表的名称、型号及主要技术指标，根据题目的设计要求列表记录所测试的原始数据，并说明调试中出现的问题及其分析和解决方法。

（7）测试结果与分析。这部分对原始数据进行必要的处理（列表、画图），可利用一些具有统计功能的软件（如 Origin、Excel 等）计算误差，说明误差来源，论证测试结果的正确性，通过测试结果分析、总结系统的优缺点和存在的问题并提出改进意见。

（8）总结。

（9）参考文献。

第2章 硬件开发平台介绍

目前的电子产品以智能化、小型化居多，以微控制器为核心的单片机应用系统在电子系统设计中较为常见。本实验的系统设计主要以51系列单片机为核心，因此我们首先从认识系统开发的硬件平台入手，跟随实验教程一步一步学习，最终搭建出一个完整的电子系统。

2.1 学习机适用对象和特色

为配合实验，我们特研制了"多功能电子学习机"。本学习机作为一个电子产品的开发平台，以51系列单片机开发系统为核心，提供众多模块，包括8个逻辑指示器、8个逻辑开关、7段数码管、液晶显示器、A/D转换器、D/A转换器、IC卡、温度传感器、时钟日历、数码管专用芯片等。此外，还有＋5V、＋12V、－12V直流电源和1800孔的面包板。学习机自成体系，可方便地与微机连接(可使用KEIL51进行软件仿真和硬件仿真)，具有RAM掉电保护功能，可手动(键盘监控)操作。

该学习机的设计尽可能地满足电类专业学生或科研人员的需要，同时完全兼顾电大、函大及电子技术业余爱好者的需要。由于有单片机开发系统作为该设备的核心，并配以常用器件、简易方波信号源、逻辑开关、逻辑指示器、可灵活使用的面包板，因此使用范围很宽，适用于在校本科生、研究生、教师、科研人员、电子业余爱好者及各种电子培训。

2.2 系统结构

多功能电子学习机由30个模块构成，系统结构如图2-1所示。图中，1和2为单片机最小系统，3为KEIL51通信模块，4为键盘显示模块，5为面包板，6为逻辑指示灯，7为逻辑开关，8为用户直流源，9为公共地，10为用户按键，11为用户数码管，12为模/数转换器，13为数/模转换器，14为IC卡模块，15为日历电路模块，16为字符液晶显示模块，17为点阵液晶显示模块，18和21为可编程逻辑器件及其下载线接口电路，19为有源晶振，20为555电路，22为蜂鸣器，23和24分别为74LS245和74LS573，25为专用LED显示器电路，26提供了地址低8位的引出插孔，27为预留I/O端口地址译码电路，28为系统电源接入口，29为单总线温度传感器，30为系统复位按键。

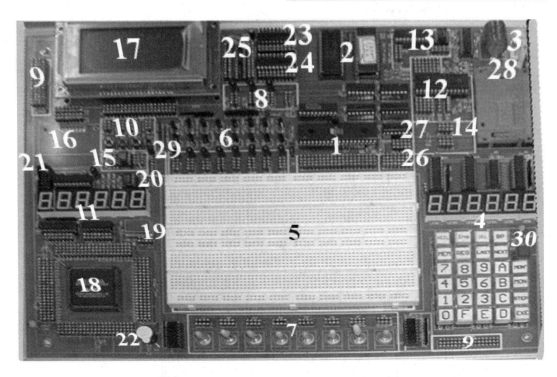

图 2-1　多功能电子学习机的系统结构

2.2.1　核心单片机最小系统

多功能电子学习机的核心电路如图 2-2 所示，电路中使用 AT89C52 单片机作为系统核心。该系列单片机具有 32 个 I/O 口、8 KB 内部程序存储器、3 个定时/计数器、8 个中断源，片内 RAM 为 256 B。单片机附近是其 40 个引脚的引出插孔，供用户使用。SW1 是单片机选择开关，短接左两针选用 AT89C52 单片机的内部程序存储器，短接右两针选用外部程序存储器（此种情况下，必须使用外部程序存储器，该学习机将 JXMON51 监控固化在 27C128 EPROM 中，占用程序存储器空间为 0000H~3FFFH）。单片机下方是其对应于单片机的引出线，共有 4 行，其中下边两行自左至右分别与单片机的 1~20 对应，上边两行自右至左分别与单片机的 21~40 对应。学习机具有两种使用方式：一种方式是以 Windows 环境下的 KEIL51 作为编译器、调试器，KEIL51 支持 C 语言和汇编语言编程，用户可以用串行线将学习机与 PC 连接起来，使用方法如同常用的开发器；另一种方式是脱离 PC，直接用系统上的键盘操作，这种方式只支持汇编语言编程。无论在哪种方式下，RAM62256 都作为用户程序或数据存储区，其地址空间为 8000H~FFFFH（注意：该地址空间为外部程序存储器和外部数据存储器所公用，换句话说，用户可以将该地址空间作为外部程序存储器地址或外部数据存储器地址，但不能互相重叠）。

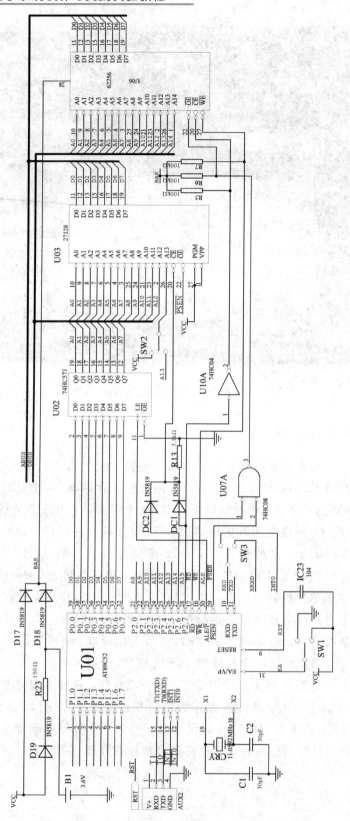

图2-2 核心电路图

2.2.2　通信和下载线

1. KEIL51 通信线

模块 3 采用串口和 PC 通信，用于 KEIL51 程序下载和调试。在非调试程序时，也可以用于用户系统的串行通信口，通信标准为 RS232，如图 2-3 所示。从图 2-2 中可以看到，只有短接 SW3 的上两针，才能实现全双工异步通信；短接 SW3 的下两针时可利用键盘的 STEP 按键实现程序的单步运行。

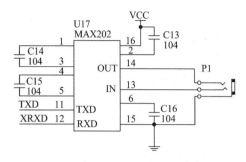

图 2-3　串行通信电路图

2. PLD 下载线接口

模块 21 的下载线接口电路如图 2-4 所示，在对可编程器件编程(下载)时使用。

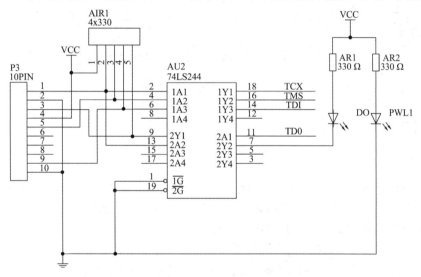

图 2-4　下载线接口电路图

2.2.3　键盘显示和系统复位

模块 4 是 JXMON51 监控的键盘显示器，如图 2-5 所示，用于用户命令、数据输入和信息显示。在 KEIL51 方式下，该区数码管显示器和键盘作为用户资源，可供用户使用。段锁存器地址为 7F80H，位锁存器地址为 7F90H，键盘地址为 7FA0H。

按一下 RESET 键，系统重新启动。该按键在如下三种情况下使用：① 多功能学习机无法回到系统提示符；② 担心系统自然上电不可靠；③ 欲消除所有的断点。

2.2.4　直流电源入口和公共地

第 28 模块为系统电源接入口，该系统共有三组电源，即 +5 V、+12 V、−12 V，它们共用一个地。

为了便于各种测量仪器的使用，在第 9 模块特意设置了两个公共地区域。

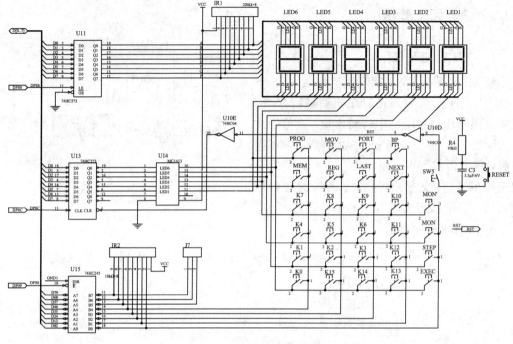

图 2-5　键盘显示器电路图

2.2.5　用户功能块介绍

1. 面包板

模块 5 为学习机使用的面包板，如图 2-6 所示。图 2-6 中，面包板上已经插上了几个集成电路芯片，用户在使用时，可仿此方法插放自己所用的集成电路芯片。图中有 4 个椭圆，表示面包板上的节点，每个椭圆内的插孔为一个节点。

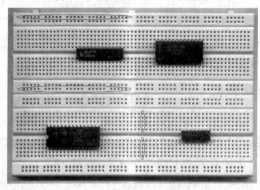

图 2-6　面包板示意图

2. 逻辑指示灯

模块 6 的逻辑指示电路如图 2-7 所示。逻辑指示灯共有 8 个，与其对应的输入共有 8 个，每一个输入具有 8 个插孔（作为备用），逻辑指示灯下方对应着各自的输入插孔，在逻辑"1"时，逻辑指示灯亮，在逻辑"0"时，逻辑指示灯不亮。

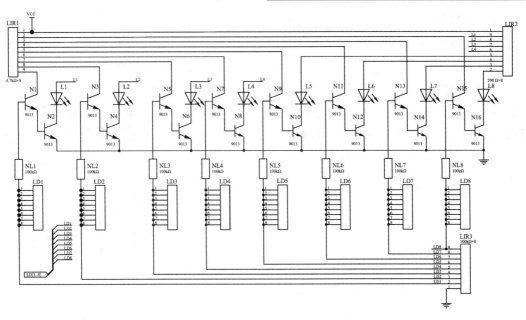

图 2-7　逻辑指示电路

3. 逻辑开关

模块 7 的逻辑开关电路如图 2-8 所示。逻辑开关共有 8 个，与其对应的输出共有 8 个，每一个输出具有 8 个插孔（作为备用），输出插孔下方对应着各自的拨动开关，向上为"1"，向下为"0"。

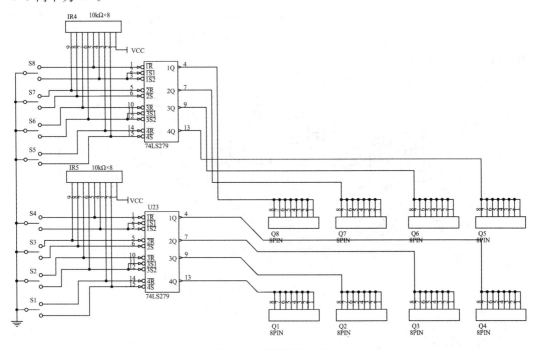

图 2-8　逻辑开关电路

4. 用户直流源

模块 8 提供 ±12 V、+5 V 直流电源。+12 V、−12 V 和 +5 V 提供的电流分别为 0.5 A、0.3 A 和 2.5 A。

5. 用户按键

模块 10 的用户按键电路如图 2-9 所示。该电路用于只有少量按键的应用程序的调试。共有 4 个用户按键，对应于各个按键的上方是各自的输出插孔（8 个孔为同一个节点），按键按下时，对应的插孔输出为"0"，否则为"1"。

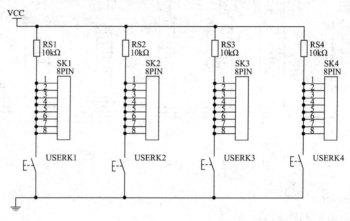

图 2-9　用户按键电路

6. 用户数码管

模块 11 的用户数码管电路如图 2-10 所示。该电路用于数码管显示，下边是其输入插孔。数码管阵列由 6 个共阴极数码管构成，其中对应的各段连接在一起，由 74LS245 驱动，而位由 MC1413 驱动。

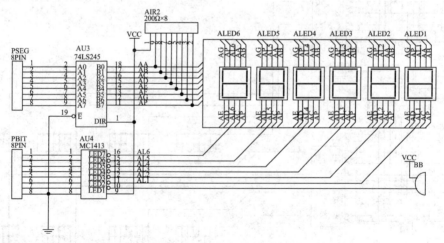

图 2-10　用户数码管电路图

7. 模/数转换器(ADC)

模块 12 为一片 8 路 8 位模/数转换器 ADC0809 及其外围电路，如图 2-11 所示。该电路用于模/数转换器实验。

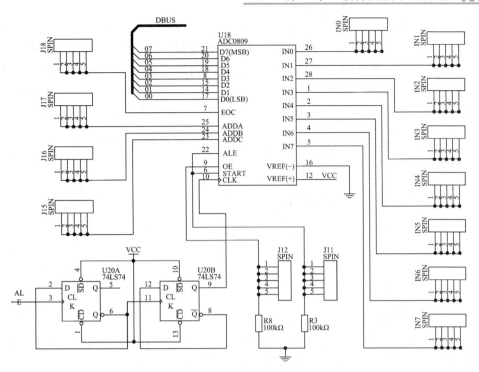

图 2 - 11　A/D 转换电路

8. 数/模转换器(DAC)

模块 13 为一片 8 位模/数转换器 DAC0832 及其外围电路,如图 2 - 12 所示。该电路用于数/模转换器实验。

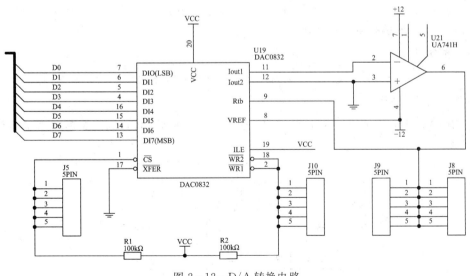

图 2 - 12　D/A 转换电路

9. IC 卡

模块 14 为一个 IC 卡插座及其外围电路,如图 2 - 13 所示。该电路用于 I^2C 协议通信或有关 IC 卡实验。

10. 日历电路(DS1302)

模块 15 为一片实时时钟芯片 DS1302 及其外围电路,如图 2-14 所示。该电路只接通了 VCC、地、备用电源及 32.768 kHz 晶振,在使用时用户连接其他线路。该电路用于有关实时时钟实验。

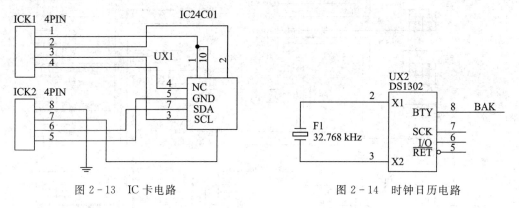

图 2-13 IC 卡电路   图 2-14 时钟日历电路

11. 字符液晶显示模块

模块 16 提供了字符液晶显示模块连线插孔及其接口插孔(SV1)。字符液晶上方的插孔共有四行,对应关系已标注在插孔旁边,使用时请谨慎,切勿弄错。

12. 点阵液晶显示模块

模块 17 提供了点阵液晶显示模块连线插孔及其接口插孔。点阵液晶下方的插孔共有三行,它们与点阵液晶(SV2)的引脚一一对应。在插孔旁边有标注,使用时请谨慎,切勿弄错。

13. PLD(ATERA 7128SLC84)

模块 18 提供了 ALTERA 公司的 7128SLC84 可编程逻辑器件,用于组合逻辑和时序逻辑设计,四周的插孔供用户使用。

14. 时钟 1(1 MHz)

模块 19 由石英晶体产生 1 MHz 的信号,可作为对频率要求比较严格的信号源。

15. 时钟 2(1 kHz)

模块 20 由 5G555 产生 1 kHz 的信号,如图 2-15 所示,可作为对振荡频率要求不太高的信号源。

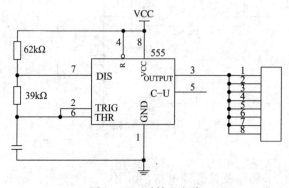

图 2-15 时钟 2 电路

16. 蜂鸣器

模块 22 的蜂鸣器用于实验时声音的提示,发声时只需将驱动信号连接到 BP 插孔。

17. 并行输入口扩展(74LS245)

模块 23 的电路如图 2-16 所示。只接通了 VCC 和地,使用时用户连接其他线路。

18. 并行输出口扩展(74LS573)

模块 24 的电路如图 2-17 所示。只接通了 VCC 和地,使用时用户连接其他线路。

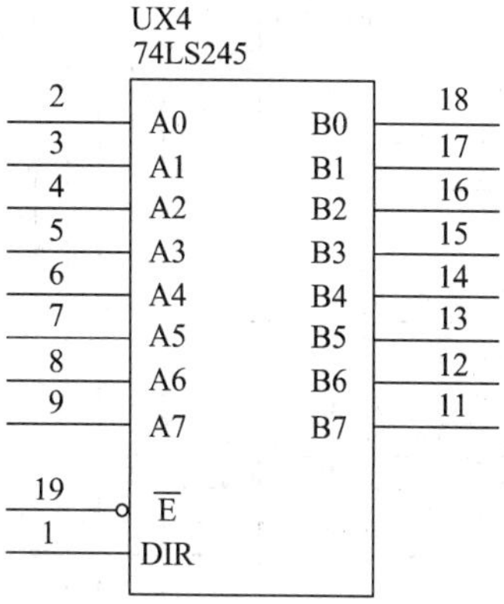

图 2-16　74LS245 可作为并行输入口 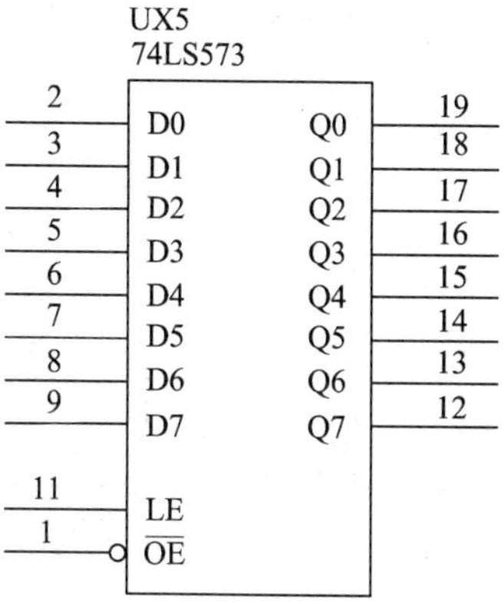　　　图 2-17　74LS573 可作为并行输出口

19. 专用 LED 显示器电路(7289)

模块 25 是专用数码管驱动电路,如图 2-18 所示,接通了 VCC、地和振荡电路。该电路为 3 线接口,控制灵活、方便,供进行键盘、数码管显示实验时使用。

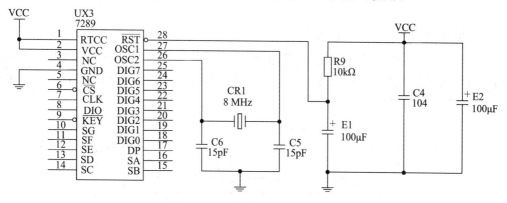

图 2-18　专用数码管驱动电路

20. 地址低 8 位引出插孔

模块 26 提供了地址低 8 位引出插孔,即 P0 口经 74LS573 锁存后的引出插孔自左至右分别为 A0 到 A7。

21. 预留 I/O 端口地址译码电路

模块 27 为预留 I/O 端口地址译码电路,如图 2-19 所示。5 个预留的 I/O 口可供用户使用,自左至右分别为 7FB0H~7FBFH、7FC0H~7FCFH、7FD0H~7FDFH、7FE0H~

7FEFH、7FF0H～7FFFH，这些预留的端口可供用户访问 I/O 设备时使用——如 ADC0809、点阵液晶显示模块等。值得一提的是，这些端口地址的译码不仅使用了地址高 12 位（即 A4～A15），还有 $\overline{WR}$ 和 $\overline{RD}$ 参与。因此对端口读/写时，都会使译码输出有效。

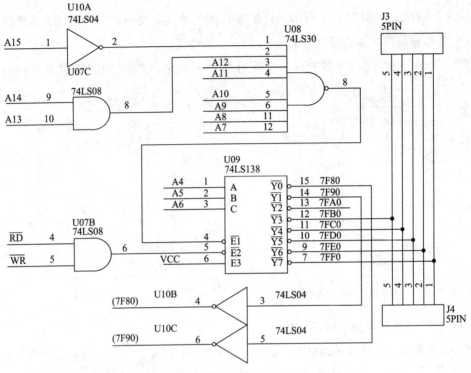

图 2-19　预留 I/O 端口地址译码电路

22. 单总线温度传感器（DS18B20）

模块 29 为基于单总线的智能温度传感器，如图 2-20 所示。DS18B20 只接通了 VCC 和地，使用时由用户连接其他线路。为了方便用户使用，多功能学习机在温度传感器的单总线上添加了上拉电阻。

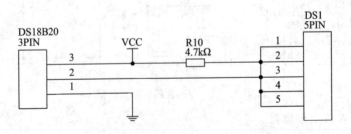

图 2-20　单总线温度传感器

2.3　JXMON51 监控程序

JXMON51 监控支持汇编语言程序调试和 C 语言程序调试，有关调试方法和技巧，将在第 3 章和第 4 章予以重点介绍，此处主要介绍多功能学习机的键盘命令及其使用方法。

2.3.1　技术特性和功能

多功能学习机使用 89C52 单片机为核心部件，时钟频率为 11.0592 MHz，JXMON51 监控为 8 KB，仿真程序最大为 32 KB，掉电自动保护用户的应用程序。

多功能学习机和用户共同使用单片机的全部资源，仅在单步调试程序时占用外部中断 INT0(P3.2)和 RXD(P3.1)，当程序连续运行或设置断点运行时，监控自动把占用的外部中断 INT0 和 RXD 还给用户。用户可利用本开发机进行各种程序的加载、修改、单步运行、断点运行、连续运行。

由于多功能学习机实现了 CPU 完全仿真，因此，用户在本学习机上运行成功的程序，都可在用户自己的系统上完全实现。

2.3.2　JXMON51 监控的键盘操作

如图 2-21 所示，JXMON51 监控按键共 28 个，其中 16 个十六进制数字键，12 个命令键，另外还有 1 个复位键。以下详细介绍各个按键的功能和作用。

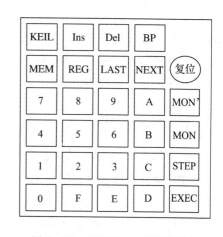

图 2-21　JXMON51 监控的键盘

1. 复位(RESET)按键

JXMON51 有两种复位方法：一种是上电自动复位；另一种是按下键盘右上方的 s1 进行复位。复位后自动进入监控，显示提示符"51"。

2. 16 个十六进制数字键

这些键用来向开发机输入十六进制数据，这些数字可以是存储单元地址、寄存器号、指令码，也可以是一些数据。每键入一个数字，此数字即存入相应的显示缓冲单元，且显示在显示器上。当连续键入 8 个数字后，自动回到监控，并显示提示符"51"。

3. MON(MONITOR 监控)键

MON 的功能是终止现行操作(除连续运行外)，回到接收命令状态。

4. MEM(MEMORY EXAMINE 存储单元检查)键

MEM 键用来检查或更改 RAM 单元的内容，也就是通过键盘命令对 RAM 单元(内部和外部)进行读/写操作。

在提示符状态下，键入表示地址的四个或两个十六进制数，然后键入 MEM 命令，则显示器上的左边两位或四位显示存储器地址，右边两位显示该地址单元的内容。如果没有输入完两位或四位表示地址的数字就键入 MEM 命令，则监控认为用户是误操作，并自动回到系统提示符"51"状态。

5. Del（Delete 删除)键

Del 键用于删除当前存储器单元的内容。

6. Ins(Insert 插入)键

Ins 键用于在当前地址插入一个 NOP 指令。该命令键还可用于检查内部 RAM 中可按位寻址的位变量的值。

7. REG 键

该键用于寄存器的检查,键入表示寄存器的代号后,再键入 REG 命令,将显示寄存器的代号及内容。

REG 命令还可以检查程序计数器 PC 和堆栈指针 SP,仅限于观察。

8. BP(断点设置)及检查键

设置断点(也称为观察点)的作用是当程序执行到断点处时,用户就可以通过适当手段获得程序的运行状态和数据,这对调试程序很有用处。

断点设置:当键入四个数字后,键入 BP 命令则承认该数字,此时显示器上显示的数字为断点地址,并将断点的第次显示在显示器的最右边。若要再设置断点,则可直接键入表示断点地址的数字,再键入 BP 命令,重复前边的操作,断点最多可以设置 5 个。

9. STEP(单步执行程序)键

此键可以用来执行程序中的一条指令(SW3 的跳线块跳接下边两针),执行完后,显示 PC(即下一条指令地址)和当前 A 的内容。

10. EXEC(EXECUTE 连续执行程序)键

该键用来运行 RAM、ROM 或 EPROM 以及 EEPROM 中的程序。

注意:由于 51 单片机没有停机指令,所以一旦在没有设置断点的情况下连续运行程序,除了用 RESET 按键复位外,没有任何键可以使开发系统回到监控状态。因此用户在运行程序时,强烈建议在程序的末尾处使用一条"SJMP $"指令,并在此指令处设置一个断点,以便使程序运行完后,通过 MON 键回到监控。

11. KEIL 键

在 JXMON51 监控状态下,键入 KEIL 命令后,JXMON51 监控的提示符"51"消失,等待 KEIL 的连接信息。

12. MON'(第二功能键)键

MON'键为第二功能键,目前只有少数功能可以使用,大多数功能留作开发新功能时使用。

2.3.3　子程序介绍

JXMON51 监控程序固化在 EPROM 中,占有 0000H~3FFFH 的程序存储器空间。此外,键盘操作方式下,该监控程序还使用了 C0H~FFH 的内部数据存储器空间,而在 KEIL51 方式下,并不使用 C0H~FFH 的内部数据存储器空间,所有内部数据存储器由用户自由使用。

1. 显示子程序 INDECAT

该子程序的入口地址为 13C1H,它使用了 DPTR、B、A、R2 寄存器。调用该子程序能够把内部数据存储器 C5H、C6H、C7H、C8H、C9H、CAH 地址单元中的 0～F 显示在数码管显示器上。例如，C5H、C6H、C7H、C8H、C9H、CAH 地址单元的内容为 01H、02H、03H、04H、05H、06H 地址，则调用该子程序时，显示器上显示"123456"字样。

2. 延时 1 毫秒子程序 D1MS

该子程序入口地址为 1339H，不占用任何寄存器，调用该程序将会产生约 1 毫秒的延时。

3. 延时 20 毫秒子程序 D20MS

该子程序入口地址为 134DH，不占用任何寄存器，调用该程序将会产生约 20 毫秒的延时。

4. DPTR 减 1 子程序 DECDPT

DECDPT 子程序的入口地址为 1B07H，调用可使 DPTR 减 1，不影响其他寄存器。

5. DPR0R1 子程序

DPR0R1 子程序入口地址为 1215H，其功能是将 R0 和 R1 的内容分别传递给 DPH 和 DPL。

6. R0R1DP 子程序

R0R1DP 子程序入口地址为 1206H，其功能是将 DPH 和 DPL 的内容分别传递给 R0 和 R1。

7. R4R5DP 子程序

R4R5DP 子程序入口地址为 120BH，其功能是将 R4 和 R5 的内容分别传递给 DPH 和 DPL。

8. DPR4R5 子程序

DPR4R5 子程序入口地址为 1210H，其功能是将 DPH 和 DPL 的内容分别传递给 R4 和 R5。

9. COMP 子程序

COMP 子程序入口地址为 1AB0H，其功能是比较 DPTR 的内容是否与 R2R3 的内容相等，即（DPH）是否等于（R2），（DPL）是否等于（R3），影响 A、R0、R1、Z、C 标志，Z 标志为真时，表示（R2R3）与（DPTR）相等。

10. REP 键盘显示器扫描子程序

REP 子程序入口地址为 135AH，调用该子程序除了显示实现缓冲区的内容之外，还不断地扫描键盘，直到有按键成功地键入后，才会从调用中返回。返回时键值在 A 中。值得说明的是，如果用户键入的是功能键，则 A 值是 FxH，其中 x 的取值范围是 0～A；如果用户键入的是数字键，则 A 值是 0xH，其中 x 的取值范围是 0～F。

第3章 KEIL51 开发软件

KEIL51 软件是用于单片机应用软件开发的优秀软件之一，它集编辑、编译、仿真于一体，支持汇编、PLM 语言和 C 语言的程序设计，界面友好，易学易用。

3.1 应 用 入 门

3.1.1 KEIL51 集成环境

进入 KEIL51 集成环境有如下两种方法：

（1）双击桌面上的 KEIL51 图标（一般安装完成后，在桌面上均会自动生成 KEIL51 的图标）。

（2）单击屏幕左下角的"开始"，在弹出的菜单中选中"程序"，再在弹出的菜单中单击 KEIL μVISION2 选项。

进入 KEIL51 后，界面如图 3-1 所示。几秒钟后，屏幕如图 3-2 所示。

图 3-1 启动 KEIL51 时的界面

图 3-2 中：

（1）标题栏：显示当前编辑的文件。

（2）菜单条：共有 10 项菜单可供使用，所有的操作命令都可以在对应的菜单中找到。

（3）工具栏：常用工具的快捷按钮。

（4）工作窗口：所有文件的编辑都在此处进行，可以同时打开多个文件。

（5）管理器窗口：显示项目结构、寄存器变化情况、参考资料等。

（6）信息窗口：显示与当前操作相关的信息。

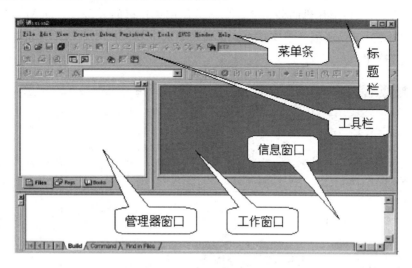

图 3 - 2　进入 KEIL51 后的界面

3.1.2　简单的程序调试

学习程序设计语言和某种程序软件，最好的方法是直接操作实践。下面通过简单的编程、调试，介绍 KEIL51 软件的基本使用方法和基本调试技巧，以及 C 语言和汇编语言的基本设计步骤。

下面介绍建立项目的步骤。

（1）单击 Project 菜单，在弹出的下拉菜单中选中 New Project 选项，屏幕显示如图 3-3所示。这是一个标准的 Windows 对话框，在该对话框中，可以为新建立的项目指定已存在的文件夹或者新建一个文件夹，具体操作可参考 Windows 的操作手册，此处不再详述。在"文件名"右侧的编辑框中输入项目名"OUR_FIRST"，KEIL51 软件会自动添加扩展名（＊.uv2），之后单击"保存"按钮。

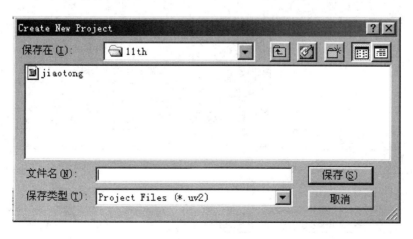

图 3 - 3　建立新项目的对话框

（2）弹出选择单片机对话框，如图 3-4 所示。图中，"Data base"栏中列出了 KEIL51 软件所支持的 51 系列单片机的公司名。单击欲使用单片机的公司名，如 Atmel，然后单击 Atmel 前的"＋"号进一步展开该文件夹，在列表中选中具体欲使用的单片机 AT89C52，然后单击"确定"按钮。

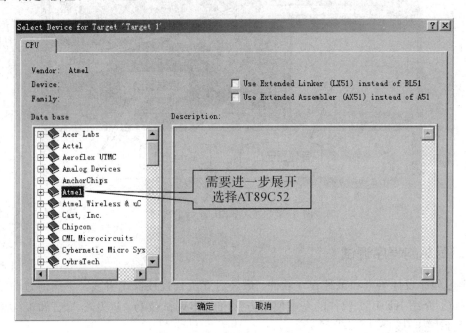

图 3-4　选择欲使用的单片机

完成上述操作后，工作界面如图 3-5 所示。

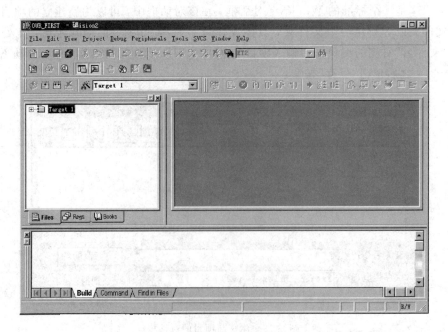

图 3-5　工作界面

（3）在图 3－5 中，单击"File"菜单，在下拉菜单中单击"New"选项，生成的界面如图 3－6 所示。此时可以看到编辑窗口的标题栏是空的，而光标在编辑窗口闪烁。按理来讲此时可以键入用户的应用程序了，但作者建议首先保存该空白的文件。

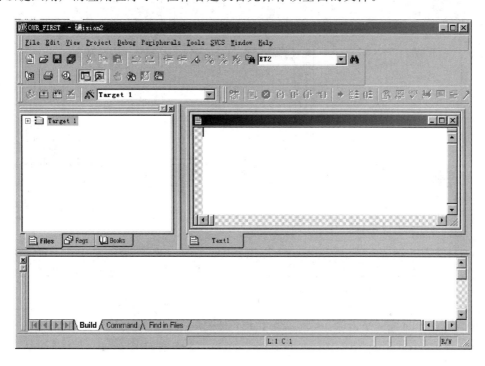

图 3－6　含有空白编辑窗口的界面

（4）单击菜单条上的"File"菜单，在下拉菜单中选中"Save As"选项，弹出的对话框如图 3－7 所示。在"文件名"栏右侧的编辑框中键入欲使用的文件名，同时必须键入正确的扩展名。注意，如果用 C 语言编写程序，则扩展名必须为 .c；如果用汇编语言编写程序，则扩展名必须为 .asm。然后，单击"保存"按钮，界面如图 3－8 所示。

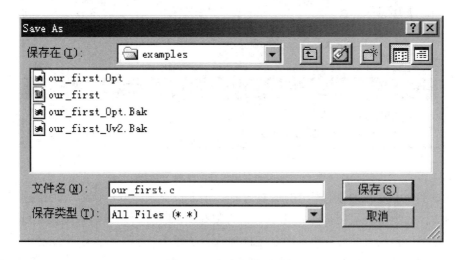

图 3－7　保存文件对话框

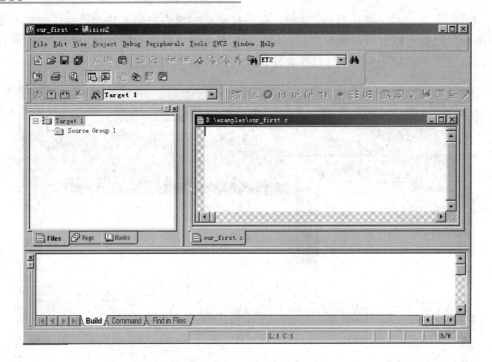

图 3-8 可以编写 C 语言的界面

（5）在图 3-8 中，单击"Source Group 1"，加亮后单击鼠标右键，弹出如图 3-9 所示的菜单。单击"Add Files to Group'Source Group 1'"，弹出如图 3-10 所示的对话框。

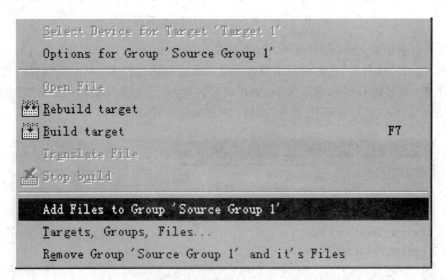

图 3-9 把源程序添加到项目中菜单

在图 3-10 中，"文件类型"栏的最右边有一个下拉箭头，单击该箭头可以选择文件列表框所列文件的类型。本例欲使用的是 C 语言编写的源程序，选择默认类型即可。如果欲使用的是汇编语言编写的源程序，则要正确地选择文件类型（如 * .a 或 * .src）。将鼠标移到欲选中的文件后，双击该文件名，即可将该文件添加到当前的项目中。每添加一个文件，单击一次"Add"按钮。

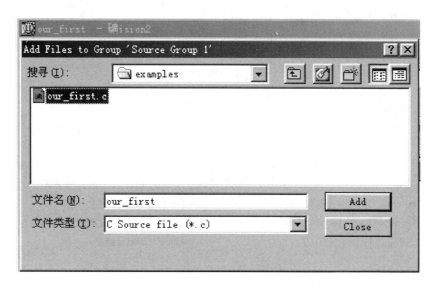

图3-10　选择欲添加源程序对话框

（6）单击图3-10中的"Add"按钮，则出现完成添加源程序界面，如图3-11所示。注意：图3-11与图3-8非常相似，不同的是"Source Group 1"文件夹中多了一个子项，子项的多少与所添加源程序的多少相同。

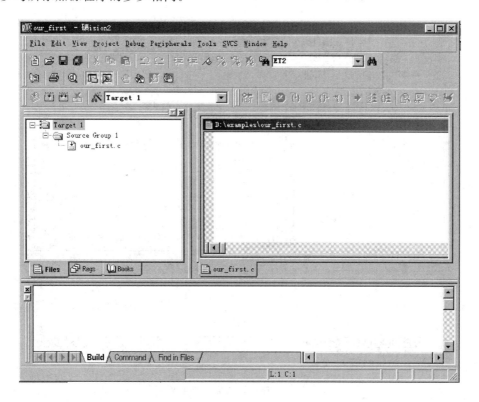

图3-11　完成添加源程序

【例 3 - 1】 输入如下 C 语言源程序：

```
#include <reg52.h>                //包含文件
#include <stdio.h>                //包含文件

void main(void)                   //主函数
{
    SCON=0x52;
    TMOD=0x20;
    TCON=0x69;
    TH1 =0xF3;
    TR1 =1;                       //此行及以上 4 行为 PRINTF 函数所必需
    printf("Hello I am KEIL 51.\n");    //打印程序执行的信息
    printf("I will be your friend.\n"); //打印程序执行的信息
    while(1);                     //等价于 HALT 指令
}
```

在输入上述程序时，读者不难看到事先保存待编辑的文件的好处，即 KEIL51 会自动识别关键字，并以不同的颜色提示用户加以注意，这样会使用户少犯错误，有利于提高编程效率。

程序输入完毕后的界面如图 3 - 12 所示。

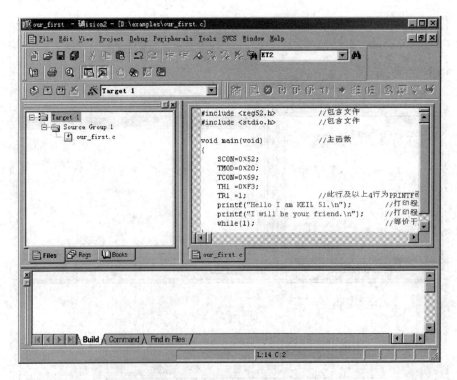

图 3 - 12 程序输入完成后的界面

(7) 在图 3 - 12 中，单击"Project"菜单，再在下拉菜单中单击"Built target"选项

（或者使用快捷键 F7），编译完成后，界面如图 3 - 13 所示。

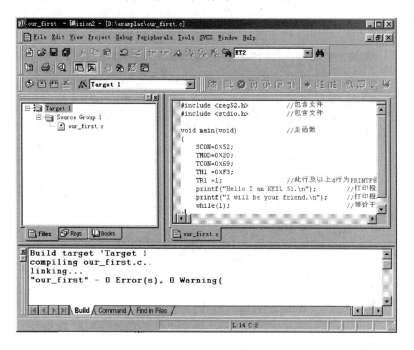

图 3 - 13　编译完成后的界面

（8）在图 3 - 13 中，单击"Debug"菜单，再在下拉菜单中单击"Start/Stop Debug Session"选项（或者使用快捷键 Ctrl＋F5），如图 3 - 14 所示。

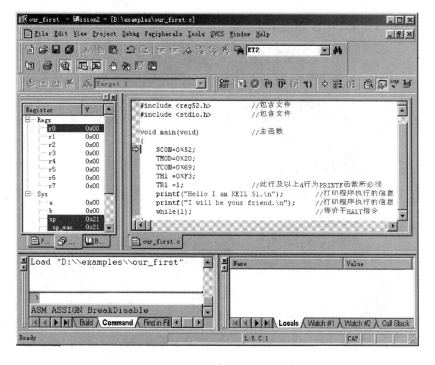

图 3 - 14　进入调试状态的界面

（9）在图 3-14 中，单击"Debug"菜单，再在下拉菜单中单击"Go"选项（或者使用快捷键 F5），如图 3-15 所示。此时的界面与图 3-14 非常相似，唯一的差别是常用的调试工具栏出现了一个红色的圆球，圆球上有一个白色的"X"。

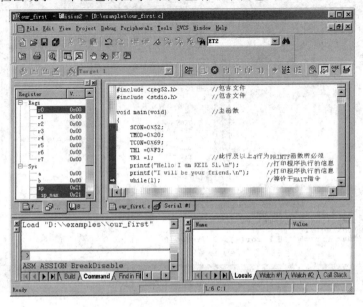

图 3-15 执行用户程序的界面

（10）在图 3-15 中，单击"Debug"菜单，再在下拉菜单中单击"Stop Running"选项（或者使用快捷键 Esc），单击新出现的红色按钮，界面显示仍然与图 3-15 相似。

（11）在图 3-15 中，单击"View"菜单，再在下拉菜单中单击"Serial Windows ♯1"选项，界面如图 3-16 所示。

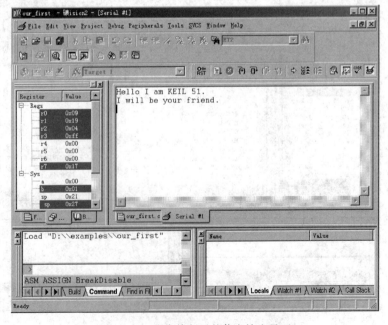

图 3-16 程序执行后的信息输出界面

(12) 在图 3-16 中，我们看到了"Hello I am KEIL51."和"I will be your friend."
两条信息，这正是我们编写的程序所预期的结果。

以上就是在 KEIL51 上创建一个完整项目的全过程。

3.1.3　项目中含多个文件的处理

通常一个项目是由多个文件构成的，这是结构化语言的特色之一。对于一个大的
项目，可以同时由多人编程、调试，最后连接到总的项目中，就构成了工程项目。接下
来我们仍以例 3-1 的功能为例，介绍多文件项目的使用方法。为了便于说明，将 3.1.2
节的 C 语言程序加上行号，列表如下：

```
1      # include <reg52.h>                     //包含文
2      # include <stdio.h>                      //包含文件
3      void main(void)                          //主函数
4      {
5          SCON=0x52;
6          TMOD=0x20;
7          TCON=0x69;
8          TH1 =0XF3;
9          TR1 =1;            //此行及以上 4 行为 PRINTF 函数所必需
10         printf("Hello I am KEIL 51.\n");      //打印程序执行的信息
11         printf("I will be your friend.\n");   //打印程序执行的信息
12         while(1);                             //等价于 HALT 指令
13     }
```

现在将上述程序改写如下：

```
# include <reg52.h>
# include <stdio.h>
void serial_initial(void)
{
    SCON=0x52;
    TMOD=0x20;
    TCON=0x69;
    TH1 =0xF3;
    TR1 =1;            //此行及以上 4 行为 PRINTF 函数所必需
}
```

将上述函数保存为 serial_initial.c。将剩余部分添加必要的两行，保存为 our_second.c。

【例 3-2】　程序清单如下：

```
# include <reg52.h>          //包含文件
# include <stdio.h>          //包含文件

extern serial_initial();     //说明该函数已在其他文件中声明

void main(void)              //主函数
```

```
    {
        serial_initial();                    //功能上等价于原程序的 5～9 行
        printf("Hello I am KEIL 51.\n");      //打印程序执行的信息
        printf("I will be your friend.\n");    //打印程序执行的信息
        while(1);                            //等价于 HALT 指令
    }
```

现在创建第二个项目，步骤如下：

(1) 创建项目，项目名为 our_second。

(2) 选择所用单片机为 Atmel 公司的 AT89C52。

(3) 将已经编写好的 our_second.c 和 serial_initial.c 添加到项目中，完成后如图 3-17 所示。

(4) 编译项目，生成机器代码。

(5) 执行当前项目，实际上是进行软件仿真。

(6) 查看程序的执行结果（与图 3-16 完全相同）。

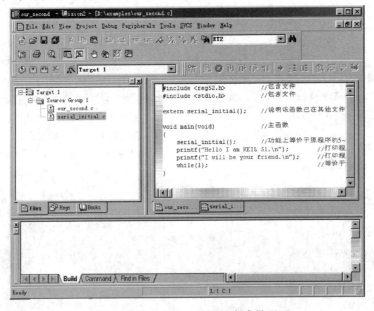

图 3-17　our_second 项目完成界面

3.1.4　汇编语言

汇编语言是编写单片机应用程序的常用语言之一，用汇编语言编写的程序生成代码的效率很高，可以大大提高计算机的执行速度。但近年来，情况发生了变化，越来越多的人喜欢使用 C 语言来编写单片机的应用程序。

用汇编语言创建项目的步骤如下：

(1) 创建项目，项目名为 our_third。

(2) 选择所用单片机为 Atmel 公司的 AT89C52。

(3) 输入如下汇编语言源程序，并保存为 our_third.asm：

```
    LOOP:      CPL      P1.0              ;P1.0 取非，产生方波
               NOP
               SJMP     LOOP
```

END

（4）编译项目，生成机器代码。

（5）进入"Debug"环境后，每按下 F10(F10 是单步执行程序的快捷按钮)功能键一次，执行一条指令。

（6）为了观察 P1.0 的输出变化情况，单击菜单条上的"Peripherals"，在下拉菜单中选择"I/O_Port"选项后，屏幕上弹出该选项的子菜单，单击"Port 1"，使该选项前出现"√"，如图 3-18 所示。

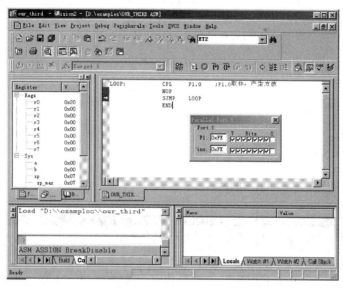

图 3-18　用汇编语言执行用户程序

读者还可以单击菜单条上的"View"，在下拉菜单中单击"Disassembly Window"选项，使用 F10 功能键单步执行程序。当然，不要忘记打开"Parallel Port 1"窗口，屏幕如图3-19所示。

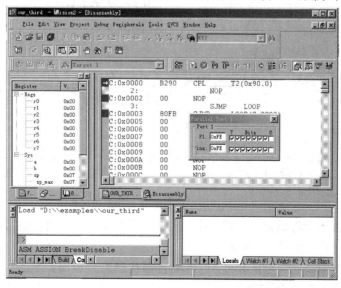

图 3-19　在汇编语言的反汇编观察窗口执行用户程序

3.1.5 机器代码的效率比较

本节我们用 C 语言编写与 3.1.4 节功能相同的程序，比较汇编语言和 C 语言两者之间在生成机器代码方面的差别。

【例 3 - 3】 请输入如下 C 语言源程序：

```
# include <reg52.h>        //包含文件
# include <stdio.h>        //包含文件
# include <intrins.h>      //包含文件
sbit clk＝P1^0;
main()
{
do{
     clk＝! clk;
     _nop_();
   }while(1);
}
```

调试上述程序，如图 3 - 20 所示。

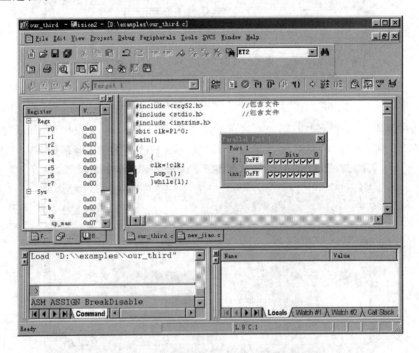

图 3 - 20 执行用 C 语言编写的等价功能程序

用户也可以调出反汇编窗口调试程序，这样就可以看到由 C 语言编写的程序所生成的机器代码的执行情况，如图 3 - 21 所示。

由图 3 - 19 和图 3 - 21 可以看出，两者的机器代码完全相同，都是 B2900080FB，共 5 个字节。用汇编语言和 C 语言编写的程序所生成的机器代码，其长度完全相同，但两者的源程序的可读性却不相同，前者的可读性显然不如后者。

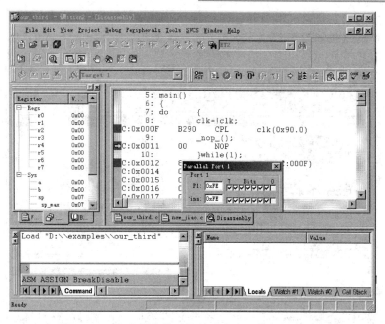

图 3-21　在 C 语言的反汇编观察窗口执行用户程序

上述举例很简单，如果稍微复杂一点，用 C 语言编写程序的优越性会更加明显。

3.2　调 试 技 巧

本节将简单地向读者介绍调试用户应用程序的技巧，并给出相应的程序清单，必要时还会给出与之相应的操作方法及执行程序时的主要屏幕画面，以方便读者学习。

3.2.1　P1 端口

1. P1 端口作为输入端口

【例 3-4】　程序清单如下：

```
# include <reg52.h>          //包含文件
# include <stdio.h>          //包含文件

extern serial_initial();

main()
{
    unsigned char i, j;
    serial_initial();
    for (i=0;i<=0xff;i++) {
                        j=P1;
                        printf("J=%d\n", (int)j);
                    }
    while(1);
}
```

调试上述程序，如图 3 - 22 所示。

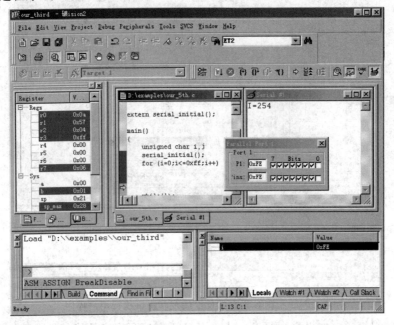

图 3 - 22 P1 端口作为输入端口的调试界面

调试技巧：每执行一个循环之前，修改一次 P1 端口的值。观察变量 j 的值有三种方法：第一种方法是查看"Serial ♯1"窗口的屏幕输出（该屏幕输出的是源程序中的 printf 语句作用的结果，如果用户程序中无此语句，则此种方法就不可取）；第二种方法是直接观看屏幕右下角的变量表；第三种方法是将鼠标移动到源程序的变量 j 处，等待大约 1 秒钟左右，屏幕上即可弹出该变量的相关信息。

2. P1 端口作为输出端口

【例 3 - 5】 程序清单如下：

```
# include <reg52.h>              //包含文件
# include <stdio.h>              //包含文件


extern serial_initial();


main()
{
    unsigned char i;
    serial_initial();
    for (i=0;i<=0xff;i++) {
      P1=i;
      printf("I=%d\n", (int)i);
    }
    while(1);
}
```

调试技巧：与 P1 作输入口的情况相似。该例中，P1 为输出口，故无需修改端口的值，观察结果的方法也与 P1 作输入口时相同。

3.2.2　外部中断

【例 3 - 6】　以下是 INT0 程序清单：

```
#include <reg52.h>              //包含文件
#include <stdio.h>              //包含文件

extern serial_initial();

main()
{
    serial_initial();
    EA=1;
    EX0=1;
    IT0=1;
    while(1);
}
void int0_int(void) interrupt 0
{
    printf("I am INT0，I will serve you heart and so\n");
}
```

调试上述程序，如图 3 - 23 所示。

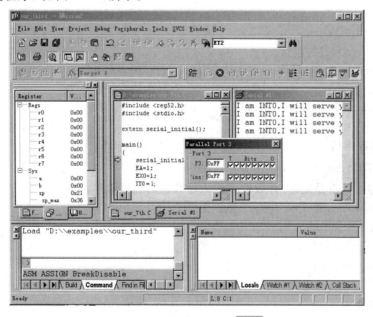

图 3 - 23　调试外部中断INT0

调试技巧：外部中断INT0对应于 P3.2 口线，因此，用鼠标单击"Parallel Port 3"窗口从右向左数第三位（P3.2 口线对应的位），每单击两次，"Serial ♯1"窗口的屏幕输出就变化一次，原因是外部中断是下降沿或低电平有效的。

外部中断$\overline{INT1}$的实验方法与$\overline{INT0}$的实验方法基本相似，将上述程序稍加修改，就可以做类似的实验。不过值得注意的是，外部中断$\overline{INT1}$所对应的口线是 P3.3，其对应的中断向量是 2。

3.2.3 定时/计数器

51 系列单片机有两个(或者三个)定时/计数器，均可以作为定时器或计数器使用，也有很多种工作模式，此处使用的是 8 位自动重装载的定时/计数器 0 的定时器方式。对于定时/计数器 1，由于情况非常相似，因此不再具体示范。

【例 3-7】 以下是定时/计数器 0 作为定时器的程序清单：

```c
#include <reg52.h>              //包含文件
#include <stdio.h>              //包含文件

extern serial_initial();

main()
{
    serial_initial();
    TMOD=(TMOD & 0XF0) | 0x02;       //不影响此前对 TMOD 的操作
    TL0=TH0 =-200;                   //初始时间常数
    EA=1;                            //总中断允许
    ET0=1;                           //定时/计数器 0 允许中断
    TR0=1;                           //启动定时/计数器 0 开始工作
    while(1);
}
void time0_int(void) interrupt 1         //中断服务程序
{
    printf("I am TIME0, I will serve you heart and so\n");
}
```

执行上述程序后，"Serial #1"窗口不断地输出如下字样：

"I am TIME0, I will serve you heart and so"

【例 3-8】 以下是定时/计数器 0 作为计数器的程序清单：

```c
#include <reg52.h>              //包含文件
#include <stdio.h>              //包含文件

extern serial_initial();

main()
{
    serial_initial();
    TMOD=( TMOD & 0XF0) | 0x06；   //定时/计数器 0 作为计数模式
    TL0=TH0 =0XFF;                //初始时间常数
```

```
EA=1;                    //总中断允许
ET0=1;                   //定时/计数器 0 允许中断
TR0=1;                   //启动定时/计数器 0 开始工作
while(1);
}
void counter0_int(void) interrupt 1       //中断服务程序
{printf("I am COUNTER0，I will serve you heart and so\n");}
```

调试上述程序，如图 3-24 所示。

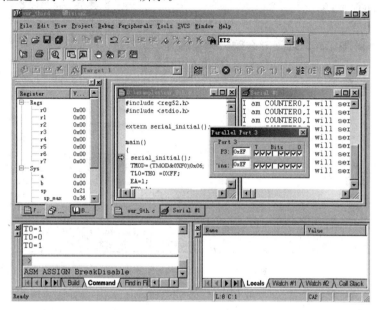

图 3-24　定时/计数器 0 作为计数器的调试

调试方法：每改变两次 P3.4(T0)，就产生一次中断，"Serial ♯1"窗口就输出一行文字信息。除此方法外，还可以在命令窗口(在屏幕的左下角)输入命令，如可以交替输入"T0＝0"和"T0＝1"。

3.2.4　调试函数

前面我们使用两种方法对程序作了调试，即端口输入法和命令窗口输入命令法，但当中断源比较多，或者因特殊需要，必须把主要精力放在程序的其他部分，以观察程序在响应中断的情况下的可靠性问题时，上述调试方法显然不能满足需要。本节将介绍一种新的调试方法，即使用信号函数进行仿真调试，而不是人工地改变 T0(P3.4 引脚)的电平变化，就像给 T0 外接了一个方波信号源一样。

【例 3-9】　编写如下信号函数：

```
signal void t0_signal(void)
{ while (1) {
    PORT3 |= 0x10;          // 置 T0(P3.4)为高电平
    PORT3 &=~0x10;          //置 T0(P3.4)为低电平以产生中断
    PORT3 |= 0x10;          //再置 T0(P3.4)为高
    twatch (CLOCK);          //等待 1s
```

```
        }
    }
```

操作步骤如下：

（1）在"Debug"状态下单击"Debug"菜单，在下拉菜单中单击"Function Editor（Open Ini File）…"选项，弹出新窗口后，将"打开"窗口关闭，如图 3-25 所示。

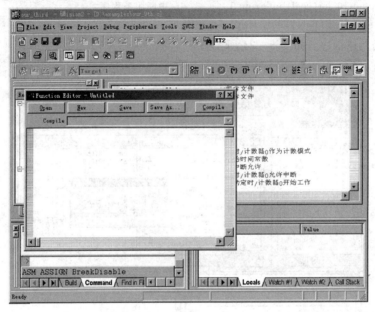

图 3-25　编辑信号函数的界面

（2）在图 3-25 所示的"Function Editor"窗口中输入已给出的信号函数程序。

（3）保存（注意：扩展名为.ini）后，编译该程序，编译成功后关闭"Function Editor"窗口。

（4）执行用户程序（注意：必须连续执行用户程序）。

（5）在屏幕左下角的命令窗口中键入"t0_signal()"后（必须以回车结束），计数器所需要的脉冲信号将源源不断地由信号函数发出，从而实现连续不断地计数，自动响应计数器提出的中断申请。

3.2.5　汇编语言源程序的联机调试

大多数情况下，通过模拟仿真调试好的程序，就可以在实际系统上正确运行。然而，如果用户的应用系统中有硬件故障或未知错误，而又暂时无法确认出错之处，那么就需要借助于 KEIL51 软件对硬件进行仿真调试，以便快速找出问题所在。

调试方法和调试技巧所涉及的范围很宽，本节仅通过几个简单的例子，介绍最简单的联机调试步骤及方法。

【例 3-10】　源程序如下：

```
ORG     8000H
1       MOV     A, #74H
2       MOV     B, #0F0H
3       MOV     DPTR, #1234H
```

4	MOV	R0，♯78H
5	MOV	R1，♯79H
6	MOV	R2，♯7AH
7	MOV	R3，♯7BH
8	MOV	R4，♯7CH
9	MOV	R5，♯7DH
10	MOV	R6，♯7EH
11	MOV	R7，♯7FH
12	MOV	40H，♯30H
13	MOV	4EH，40H
14	MOV	DPTR，♯0E000H
15	MOVX	@DPTR，A
16	SJMP	$
	END	

操作方法：

（1）注意此项操作必须在设备未通电源的情况下进行。将串行连接线的一端（DB9 连接头）连接到计算机的串行口上，另一端（DB9 或 3 针连接头）连接到多功能学习机上或 JX 开发系统上（KEIL51 监控时，SW2 的下两针短接，SW3 的上两针短接）。确认连接无误后，方可接通设备的电源。

（2）有关仿真调试，用户已经比较熟悉了，欲进行硬件仿真，必须对 KEIL51 系统进行重新设置。设置步骤如下：

① 在图 3－26 中单击 Options for Target 按钮，屏幕弹出 Options for Target 对话框，如图 3－27 所示。按图中给出的值进行设置。

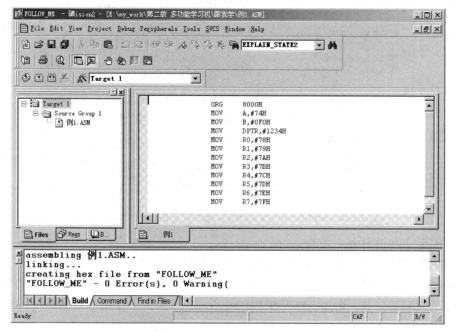

图 3－26　编译无错误的屏幕

② 在图 3 - 27 中，单击 Debug 标签，如图 3 - 28 所示。

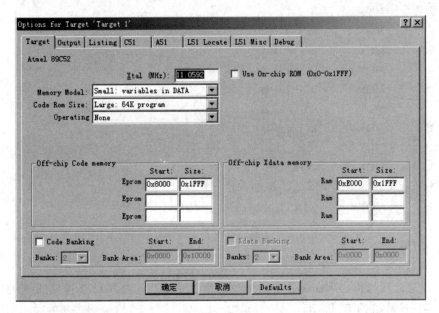

图 3 - 27 Options for Target'Target 1'对话框

③ 按图 3 - 28 进行设置。

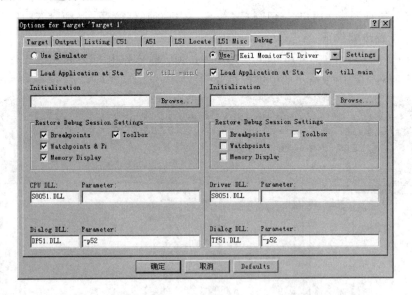

图 3 - 28 Options for Target'Target 1'对话框的 Debug 标签

④ 单击 Output 标签，如图 3 - 29 所示。

⑤ 按图 3 - 29 进行设置。检查无误后，单击"确定"按钮。

（3）重新编译项目，完成后如图 3 - 26 所示。

（4）在"51"提示状态符下，键入"KEIL"命令后，学习机的显示器全部熄灭，进入接收状态。

（5）在 KEIL 环境中，点击"DEBUG"按钮（形似一个放大镜，中心有一个红色的英文字

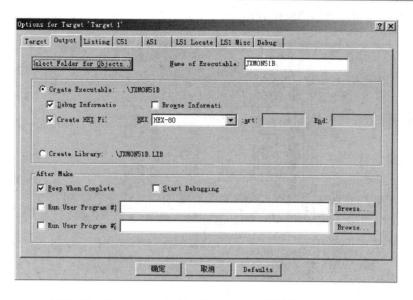

图 3-29　Options for Target'Target 1'对话框的 Output 标签

母(d)),或者使用 DEBUG 菜单中的 Start/Stop Debug Session 选项,或者使用 Ctrl＋F5 组合键将应用程序加载成功后,显示如图 3-30 所示。

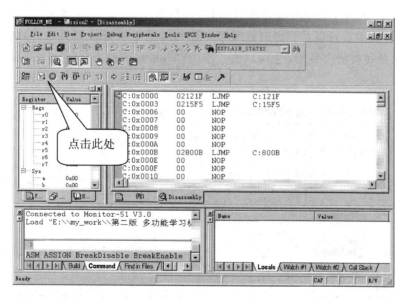

图 3-30　完成目标程序装载

(6)在图 3-30 中点击"RUN"按钮,监控执行初始化程序,稍许后,屏幕显示如图 3-31所示。

此时就可以使用 KEIL51 所提供的执行程序的各种方法调试用户程序,如以"Step Over"方式执行用户程序。

以上是调试执行一个用户应用程序的一般步骤。对于简单的应用程序,这种调试就可以满足了,但对于一些具有特殊要求或者比较复杂的应用程序的调试,还需要很多调试技巧来观察某些寄存器或数据的变化情况,也可以根据需要修改它们的内容。以下介绍观察内部数据和外部数据存储器的操作方法。

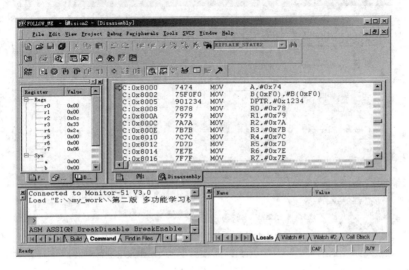

图 3 - 31   进入调试窗口

（1）单步执行本实验中的程序到第 16 行，或者在第 16 行处设置断点后以连续方式执行本实验程序到第 16 行，如图 3 - 32 所示。

（2）在图 3 - 32 中，打开存储器窗口，并在存储器窗口的地址栏键入 d:40h 后回车，如图 3 - 33 所示，此时就可以看到内部数据存储器 40H 单元和 4EH 单元中的数据，它们与程序的执行结果是相符的。另外，也可以通过单击对应单元的地址（如 40H）来修改其中保存的数值。

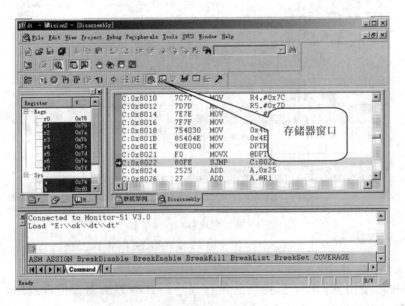

图 3 - 32   执行完成后的界面

（3）在程序中含有对外部数据存储器的操作，要观察 E000H 单元中的内容，可以在图 3 - 33 中存储器窗口的地址栏键入 x:0e000h 后回车，如图 3 - 34 所示。

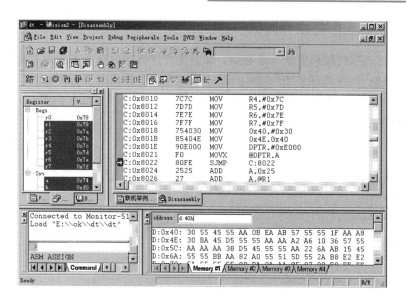

图 3-33　观察内部存储器

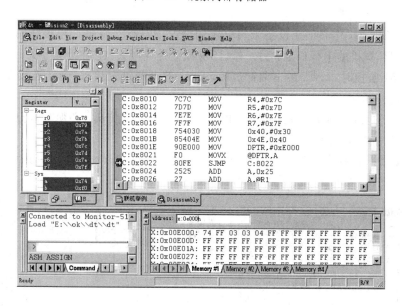

图 3-34　观察外部存储器

（4）如果欲观察程序的代码，可以用类似的方法。例如，本程序的代码是从 8000H 单元开始的，因此在存储器窗口的地址栏键入 C:8000H 后回车，就可以看到本程序的机器代码。

（5）在图 3-34 中，将鼠标移到存储器窗口欲修改的数据上，然后单击鼠标右键，在弹出的对话窗口中选中"Modify Memory at X:0xdddd"（0xdddd 是欲修改数据的地址），然后在弹出的"Enter byte(s)"窗口中键入所需要的数据，可以连续键入多个数据，但必须以逗号分开。这种操作适合于预置多个数据。与此类似，也可以修改一个或多个内部数据存储器的数据，此处不再详述。

3.2.6 C 语言源程序的联机调试

本节与 3.2.5 节的操作方法非常相似，希望读者仔细体会两者之间的差别。

【例 3 - 11】 如下程序使 P1.0 和 P1.1 不断地变化其输出逻辑电平。

```
#include <reg52.h>
sbit clk=P1^0;
sbit sda=P1^1;
main()
{   clk=1;
    sda=0;
    while(1){
    clk=! clk;
    sda=! sda;
    }
}
```

操作方法：

(1) 注意此项操作必须在设备未通电源的情况下进行。将串行连接线的一端(DB9 连接头)连接到计算机的串行口上，另一端(DB9 或 3 针连接头)连接到学习机上或 JX 开发系统上(KEIL51 监控时，SW2 的下两针短接，SW3 的上两针短接)。确认连接无误后，方可接通欲使用设备的电源。

(2) 有关仿真调试，用户已经比较熟悉了。欲进行硬件仿真，必须对 KEIL51 系统进行重新设置。设置步骤如下：

① 在图 3 - 35 中单击 Options for Target 按钮，弹出 Options for Target‘Target 1’对话框，如图 3 - 36 所示。

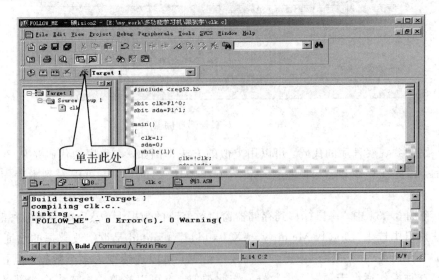

图 3 - 35　编译无错误的界面

② 在图 3 - 36 中，单击 Debug 标签，设置如图 3 - 37 所示。

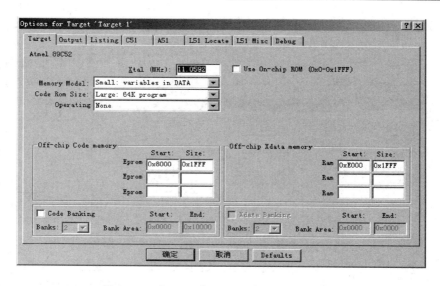

图 3 - 36　Options for Target'Target 1'对话框

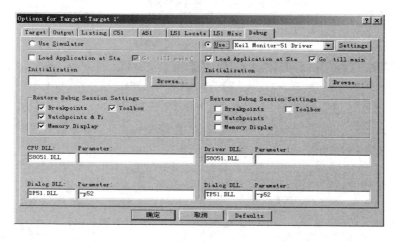

图 3 - 37　Options for Target'Target 1'对话框的 Debug 标签

③ 单击图 3 - 37 中的"Settings"按钮，完成如图 3 - 38 所示的设置后，单击"OK"按钮。

注意：学习机上的 DB9 或 3 针连接头不一定对应计算机的 Com 1 口。所以将连接头连接好之后，最好通过查询计算机的设备管理确定具体的连接端口到底是 Com 1、Com 2、Com 3 还是其他，然后将图 3 - 38 中的 Port 处修改成正确的端口，再单击"OK"按钮。

④ 在图 3 - 36 中，单击 Output 标签，进行如图 3 - 39 所示的设置。

⑤ 确认无误后单击"确定"按钮。

（3）在编译项目之前，将 JXSTARTUP.A51（必须将该文件拷贝到用户的项目所在的文件夹中，在..\KEIL\C51\LIB 文件夹中可以找到该文件）添加到项目中，完成调试前的编译工作。

（4）在"51"提示状态符下键入"KEIL"命令后，学习机的显示器全部熄灭，进入联机状态。

（5）在 KEIL 环境中，点击 Debug 按钮（形似一个放大镜，中心有一个红色的英文字母

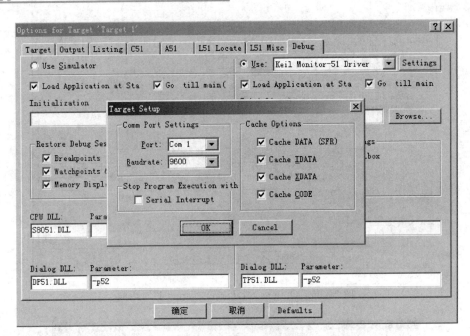

图 3 - 38 Settings 标签窗口

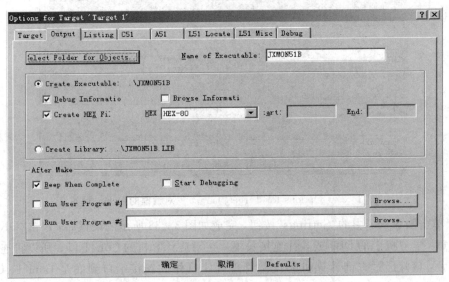

图 3 - 39 Options for Target'Target 1'对话框的 Output 标签

d)，或者使用 Debug 菜单中的 Start/Stop Debug Session 选项，或者使用 Ctrl＋F5 组合键，将应用程序加载成功后，如图 3 - 40 所示

（6）切换到用户程序窗口，并在程序开头处设置断点，如图 3 - 41 所示。

（7）在图 3 - 41 中点击"Run"按钮，监控执行初始化程序，稍许后所出现的屏幕与图 3 - 41非常相似，唯一的差别是红色的矩形中多了一个黄色的箭头，意味着从此处开始执行用户程序。

此时就可以使用 KEIL51 所提供的执行程序的各种方法调试用户的程序，如以"Step Over"方式执行用户程序。

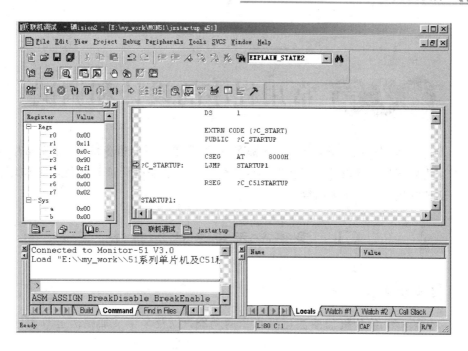

图3-40　用户程序下载成功

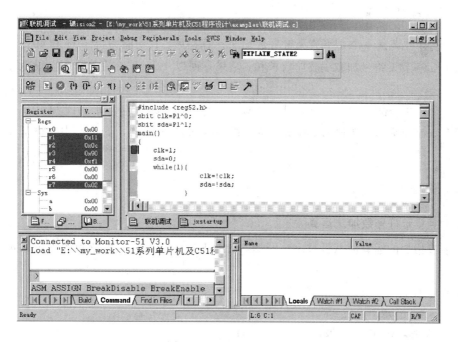

图3-41　进入调试窗口

　　值得一提的是，在调试用 C 语言编写的应用程序时，可以利用 KEIL 软件的"Watch and Call Stack Windows"窗口的强大功能观察、修改各种变量的数值，用户也可以根据具体要求与习惯选择自己喜欢的不同制制。一般情况下，在调试程序时，可以将鼠标移动到某个变量上数秒钟，KEIL 软件就会自动弹出一个小窗口，显示该变量的数值及相关信息。

第4章 常用程序的设计和调试

本章通过实验程序的调试，帮助大家熟悉51系列单片机的指令系统，了解常用软件的设计方法，为后续的系统设计打好基础。本章实验均要求联机调试和运行，具体操作方法请参阅3.2节联机调试的相关内容。

4.1 多字节无符号数加减法

一、实验目的

熟悉 MCS - 51 单片机加减法运算指令的功能，以及多字节加减法运算程序的编程方法。

二、实验任务

(1) 设计并调试一个3字节无符号数加法运算程序，其功能为将30H和40H中分别指出的两个3字节无符号加数、被加数求和，结果存回以40H开始的单元中。设低字节在低地址中。

(2) 设计并调试一个3字节无符号数减法运算程序，其功能为将30H和40H中分别指出的两个3字节无符号被减数、减数求差，结果存回以40H开始的单元中。设低字节在低地址中。

三、实验原理

1. 3字节无符号数加法运算

多字节相加的运算应从低位字节开始，借助于进位位可将低字节和的进位加至高位字节中。

参考程序1：

```
        ORG     8000H
        MOV     R2,     #03H
        MOV     R0,     #30H
        MOV     R1,     #40H
        CLR     C
LOOP:   MOV     A,      @R0
        ADDC    A,      @R1
        MOV     @R1,    A
```

```
        INC     R0
        INC     R1
        DJNZ    R2,     LOOP
        MOV     A,      ＃00H
        ADDC    A,      ＃00H
        MOV     @R1,    A
        SJMP    $
        END
```

3 字节加法的 C 语言程序：

```
//C51 中 INT 和 LONG 类型分别是 2 字节和 4 字节，所以 3 字节就只好使用 LONG 类型了
＃include ＜reg52.h＞
＃include ＜stdio.h＞
extern serial_initial()；
unsigned long x _at_ 0x30；    //变量 x 指定内部数据存储器的地址
unsigned long y _at_ 0x40；    //变量 y 指定内部数据存储器的地址
main()
{
    serial_initial()；
    x=0XC9F21F；//在单片机内部数据存储器 30H 单元中顺序输入 00H、0C9H、0F2H、1FH
    y=0X881809；//在单片机内部数据存储器 40H 单元中顺序输入 00H、88H、18H、09H
    y=x+y；        //检查单片机内部数据存储器 40H 单元连续四个地址中的内容
    printf("y=％lX OR y=％ld\n"，y，y)；//查看"Serial ＃1"窗口的屏幕输出结果
    while(1)；
}
```

2. 3 字节无符号数减法运算

对于两个多字节减法程序，与加法程序完全类似，只需将其中的加法全换成减法指令即可。

参考程序 2：

```
        ORG     8000H
        MOV     R2,     ＃03H
        MOV     R0,     ＃30H
        MOV     R1,     ＃40H
        CLR     C
LOOP：  MOV     A,      @R0
        SUBB    A,      @R1
        MOV     @R1,    A
        INC     R0
        INC     R1
        DJNZ    R2,     LOOP
        SJMP    $
```

END

3 字节减法的 C 语言程序：

```
#include <reg52.h>
#include <stdio.h>
extern serial_initial();
unsigned long x _at_ 0x30;
unsigned long y _at_ 0x40;
main()
{
    serial_initial();
    x = 0XF9AB2F;//在单片机内部数据存储器 30H 单元中顺序输入 00H、F9H、
                //0ABH、02FH
    y = 0X57DC44;   //在单片机内部数据存储器 40H 单元中顺序输入 00H、57H、
                //0DCH、44H
    y = x - y;          //检查单片机内部数据存储器 40H 单元连续四个地址中的内容
    printf("y=%lX OR y=%ld\n", y, y);   //该语句内的 l、X、d 等符号的含义请参阅附录
                //中的表 A-1 至表 A-4，后续实验类似
    while(1);
}
```

四、实验方法

(1) 对于汇编语言，进入 KEIL51 调试环境，打开 Memory 窗口（参考第 3 章相关内容），给内部 RAM 中放入加数（30H）＝00H、（31H）＝C9H、（32H）＝F2H、（33H）＝1FH，被加数（40H）＝00H、（41H）＝88H、（42H）＝18H、（43H）＝09H。注意：当立即数以字母开头时，数字前应添加"0"。之后，运行参考程序 1，观察运算结果，即 40H～43H 单元中的内容。

对于 C 语言程序，除了可以利用 "Watch and Call Stack Windows"窗口观察、修改变量 x、y 的数值外，还可通过查看"Serial #1"窗口的屏幕输出观察结果。设高字节在低地址中。

汇编结果：01520A28H。

C 语言结果：01520A28H OR 22153768。

(2) 对于汇编语言，给内部 RAM 中放入被减数（30H）＝00H、（31H）＝F9H、（32H）＝ABH、（33H）＝2FH，减数（40H）＝00H、（41H）＝57H、（42H）＝DCH、（43H）＝44H，运行参考程序 2，观察运算结果，即 40H～42H 单元中的内容，以及进位/借位标志位 CY。

对于 C 语言程序，除了可以利用 "Watch and Call Stack Windows"窗口观察、修改变量 x、y 的数值，还可通过查看"Serial #1"窗口的屏幕输出观察结果。设高字节在低地址中。

汇编结果：A1CEEBH，CY＝0。

C 语言结果：A1CEEBH OR 10604267，CY＝0。

注意：用户程序加载完成后点击"RUN"按钮，使程序计数器 PC 指针处于即将调试的

用户程序所在的首地址后(3.2.5 节)，才能开始用户程序的调试和相关存储单元内数据的修改。

如果按"RUN"未出现黄色的 PC 指针，那么请在主程序首条指令处放置一个断点，然后再按"RUN"就可看到该指针了。

注意给内部 RAM 的 30H 到 32H 中欲放入加数时，必须等到黄色的 PC 指针处于主程序首条指令所在的位置后再放才是有效的。后面所有实验凡涉及该类问题的处理方法类似，请切记！

另外，KEIL51 的 Memory 窗口中的内容只在程序运行结束后才会更新，程序运行期间不会显示结果，所以，在调试时，需要在适当位置设置断点，待程序执行到断点处停止运行后，才能观察到结果。例如，上述实验中，对汇编语言程序，可在程序的最后一条指令"SJMP $"处设置一个断点，以便观察最终的运行结果。对 C 语言程序，可在程序的最后一条指令"while(1)"处设置一个断点，以便观察最终的运行结果。

另外，需要说明的一点是，对于 C 语言编程，通常情况下无需为变量指定存储的地址，编译时编译器会根据情况自动为变量分配地址。也就是说，以上程序中的"unsigned long x _at_ 0x30"和"unsigned long y _at_ 0x40"语句通常是不需要的。此处之所以指定变量的地址，是为了与实验的汇编语言程序一致。

以上注意事项同样适用于下面各实验，请注意掌握基本调试方法，后面不再重述。

4.2　多字节无符号数乘除法

一、实验目的

熟悉 MCS－51 单片机乘除法运算指令的功能，以及多字节乘除法运算程序的编程方法。

二、实验任务

(1) 设计并调试一个双字节无符号整数乘法运算程序，结果存于片内 RAM 以 30H 开始的连续 4 个单元中。设高字节在低地址中。

(2) 设计并调试一个多字节无符号整数除法运算程序。

三、实验原理

1. 多字节无符号整数乘法运算

通过加减法程序可以看出，完成同样的运算时，C 语言要比汇编语言编程容易得多。多字节的乘除法运算更是如此。有兴趣的读者可以尝试用汇编语言实现本任务的要求。以下为 C 语言程序，大家可以自己做个对比。

参考程序 1：

```
//C51 中 int 是 2 字节，long 是 4 字节，由于两个 2 字节的积为 4 字节，所以定义 x、y 为 long
   类型
```

```
#include <reg52.h>
#include <stdio.h>
extern serial_initial();
unsigned long x _at_ 0x30;
unsigned long y _at_ 0x40;
main()
{
    serial_initial();
    x=0X0F012;      //在单片机内部数据存储器 30H 单元中顺序置入 F0H、12H
    y=0X5678;       //在单片机内部数据存储器 40H 单元中顺序置入 56H、78H
    x=x*y;          //检查单片机内部数据存储器 30H 单元连续四个地址中的内容
    printf("x=%lX OR x=%ld\n", x, x);
    while(1);
}
```

2. 多字节无符号整数除法运算

参考程序 2：

```
//C51 中 int 是 2 字节，long 是 4 字节，由于长整型除以整型得到的商为整型，所以定义 x 为长
//整形，y 为 int 类型
#include <reg52.h>
#include <stdio.h>
extern serial_initial();
unsigned long x _at_ 0x30;
unsigned int  y _at_ 0x40;
unsigned int  z _at_ 0x50;
unsigned int  w _at_ 0x52;
main()
{
    serial_initial();
    x=0X90000000;   //在单片机内部数据存储器 30H 单元中顺序置入 90H、00H、
                    //00H、00H
    y=0XAFFF;       //在单片机内部数据存储器 40H 单元中顺序置入 0AFH、0FFH
    z=x/y;          //检查单片机内部数据存储器 50H 单元连续四个地址中的内容
    w=x%y;
    printf("quotient:%X    remainder:%X\n", z, w);      //结果为十六进制
    printf("quotient:%Ld   remainder:%d\n", (long)z, w);  //结果为十进制
    while(1);
}
```

四、实验方法

（1）运行参考程序 1，观察 RAM 中 30H～33H 单元中的乘积，高字节在低地址端。

对于 C 语言程序，除了可以利用 "Watch and Call Stack Windows" 窗口观察、修改变量的数值外，还可通过查看 "Serial #1" 窗口的屏幕输出观察结果。

C 语言结果：51169470H OR 1360434288。

（2）运行参考程序 2，在 50H、51H 观察商，52H、53H 观察余数。

对于 C 语言程序，除了可以利用"Watch and Call Stack Windows"窗口观察、修改变量的数值外，还可通过查看"Serial ♯1"窗口的屏幕输出观察结果。

C 语言结果：quotient：D175H　　remainder：6175H

　　　　　　quotient：53621　　remainder：24949

4.3　逻辑运算和布尔操作

一、实验目的

熟悉 MCS‐51 单片机逻辑运算指令和布尔运算指令的功能和应用。

二、实验任务

（1）设计并调试一个程序，其功能为将 30H 和 31H 两个单元中的内容进行逻辑运算，实现数据加工，组成新的数据。要求新数的低 4 位是 30H 单元中数据的高 4 位，新数的高 4 位是 31H 单元中数据的低 4 位。结果放在 30H 单元中。

（2）设计并调试一个模拟程序，利用布尔操作实现给出的逻辑表达式的功能。

三、实验原理

1. 数据拆装

利用逻辑与、逻辑或可实现数据位的屏蔽及组合。

参考程序 1：

```
# include ＜reg52.h＞
# include ＜stdio.h＞
extern serial_initial();
unsigned char x _at_ 0x30;
unsigned char y _at_ 0x31;
main()
{
    serial_initial();
    x＝0x58;
    y＝0x9b;
    x＝((x & 0XF0)＞＞4)|((y & 0X0F)＜＜4);
    printf("x＝% ♯bX\n", x);
    while(1);
}
```

2. 程序模拟

MCS‐51 丰富的位操作指令及逻辑运算指令可实现对任意逻辑函数关系的程序的模

拟。已知一个逻辑表达式 $Q=U \cdot \overline{(V+W)}+X \cdot Y+Z+\overline{T}$，编程模拟 T～Z 这六个变量的逻辑函数。

参考程序 2：

```
#include <reg52.h>
#include <stdio.h>
extern serial_initial();
sbit T = P1^0;
sbit U = P1^1;
sbit V = P1^2;
sbit W = P1^3;
sbit X = P1^4;
sbit Y = P1^5;
sbit Z = P1^6;
unsigned char bdata F _at_ 0x24;
sbit Q = F^0;
main()
{
    serial_initial();
    P1=0xff;              //P1 口作为输入口
    Q=(U && (! (V || W))) || (X && Y) || Z || (! T);
    printf("x=%#bX\n", (char)F);
    while(1);
}
```

四、实验方法

(1) 运行参考程序 1，观察 30H 单元中的内容。

对于 C 语言程序，除了可以利用 "Watch and Call Stack Windows" 窗口观察、修改变量的数值外，还可通过"Serial ♯1"窗口的屏幕输出观察结果。

C 语言结果：B5

(2) 将学习机上的 7 个逻辑开关分别与单片机 P1.6 ～ P1.0 各位相连，分别从 P1 口输入数据 01100111B 或 00100111B，运行参考程序 2，观察 20H 位地址（该位是内部数据存储器的 24H 单元的低位）的内容（注意：必须在适当位置设置断点，即观察点）。

对于 C 语言程序，除了可以利用 "Watch and Call Stack Windows" 窗口观察、修改变量的数值外，还可通过"Serial ♯1"窗口的屏幕输出观察结果。

4.4 代 码 转 换

一、实验目的

熟悉 MCS - 51 单片机常用代码之间的转换方法。

二、实验任务

(1) 设计并调试一个程序,将片内 20H 单元中 8 位无符号二进制数转化为 BCD 码,结果存入以 30H 开始的单元中。

(2) 设计并调试一个程序,将片内以 20H 开始的单元中的 4 字节无符号二进制数转化为 BCD 码,结果存入以 30H 开始的单元中。低位字节在低地址端。

(3) 设计并调试一个程序,将累加器 A 中的二进制数(0~F)转化为 ASCII 码,结果仍放在 A 中。

三、实验原理

1. 8 位无符号二进制数转化为 BCD 码

8 位无符号二进制数最多可转化为 3 位 BCD 码。可利用除法指令实现,即先将原数除以 100,得百位数,余数再除以 10,得十位数,最后的余数就是个位数。

参考程序 1:

```
#include <reg52.h>
#include <stdio.h>
#include <intrins.h>
extern serial_initial();
unsigned char x _at_ 0x20;//给20H单元中置入欲转换的十六进制数9D或5A
unsigned int   y _at_ 0x30;
main()
{
    serial_initial();
    _nop_();
    y=x/100;
    x=x%100;
    y=(y<<4)+x/10;
    x=x%10;
    y=(y<<4)+x;
    printf("y=%x\n", y);
    while(1);//此处可设断点,查看30H、31H单元中的结果;或通过查看变量y来观察结果
}
```

2. 多字节无符号二进制数转化为 BCD 码

对于多字节的情况,也可采用除法指令来实现,方法同上。但这种方法速度较慢,且程序控制的通用性差。

例如,以单字节二进制数($B_7B_6B_5B_4B_3B_2B_1B_0$)为例,可展开为

$(\cdots((B_7 \times 2)+B_6) \times 2+B_5) \times 2+B_4) \times 2+B_3) \times 2+B_2) \times 2+B_1) \times 2+B_0$

实现$(\cdots) \times 2+B_n$的运算,共进行 8 次。若为 n 字节的二进制数,则要进行 $8 \times n$ 次循环。

当二进制字节数不多于 4 字节时,转换后的 BCD 码最多比二进制数多一个单元,设计

时按多一个单元考虑。

参考程序 2：

```
#include <reg52.h>
#include <stdio.h>
#include <intrins.h>
extern serial_initial();
unsigned long   x _at_ 0x20;        //4 字节
unsigned long   y _at_ 0x41;        //4 字节
unsigned char   z _at_ 0x30;        //1 字节
//由于最大能表示的数是 0FFFFFFFFH，对应十进制数 4294967295，所以欲转换的数必须小于
//等于这个数，需 5 个字节
main()
{
    serial_initial();
    _nop_();
    x=0xfd19ab7f;   //此处给 20H 单元中置入欲转换的十六进制数 FD19AB7F
    y=x/1000000000;
    x=x%1000000000;
    y=(y<<4)+x/100000000;
    x=x%100000000;
    y=(y<<4)+x/10000000;
    x=x%10000000;
    y=(y<<4)+x/1000000;
    x=x%1000000;
    y=(y<<4)+x/100000;
    x=x%100000;
    y=(y<<4)+x/10000;
    x=x%10000;
    y=(y<<4)+x/1000;
    x=x%1000;
    y=(y<<4)+x/100;
    x=x%100;
    z=x/10;
    z=(z<<4)+x%10;
    printf("%lx%bx\n", y, z);
    while(1);
}
```

3. 二进制数转化为 ASCII 码

据 ASCII 码表，0～9 的 ASCII 码为 30～39H，即只要加上 30H 就可得到相应的 ASCII 码，而 A～F 的 ASCII 码为 41～46H，即只要加上 37H 即可。

参考程序 3：

```
#include <reg52.h>
```

```
#include <stdio.h>
#include <intrins.h>

extern serial_initial();

unsigned char  x _at_ 0x20;//内部数据存储区 20H 单元中置入欲转换的十六进制数
unsigned char  z _at_ 0x30;

    main()
    {
        serial_initial();
        _nop_();
        x=0x05;             //将欲转换的数赋予变量 x
        if((x & 0x0f)>9) {z=(x & 0x0f)+0x37;}
        else{z=(x & 0x0f)+0x30;}
        printf(" z=%bx\n", z);
        while(1);//此处设断点,查看 30H 单元中的结果,或通过查看变量 z 来观察结果
    }
```

四、实验方法

(1) 置(20H)=9DH 或 5AH,运行参考程序 1,分别将其转化为 BCD 码,观察 30H、31H 单元中的内容。

对于 C 语言程序,除了可以利用 "Watch and Call Stack Windows"窗口观察、修改变量的数值外,还可通过查看"Serial ♯1"窗口的屏幕输出观察结果。

C 语言结果:0157H,0090H。

(2) 运行参考程序 2,转化为 BCD 码。对于 C 语言程序,除了可以利用 "Watch and Call Stack Windows"窗口观察、修改变量的数值,还可通过查看"Serial ♯1"窗口的屏幕输出观察结果。

C 语言结果:4246317951。

(3) 运行参考程序 3,转化为 ASCII 码,观察实验结果(注意:必须在适当位置设置断点,即观察点)。

对于 C 语言程序,除了可以利用 "Watch and Call Stack Windows"窗口观察、修改变量的数值外,还可通过查看"Serial ♯1"窗口的屏幕输出观察结果。

C 语言结果:35H,45H(x 赋值为 0EH 时的结果)。

4.5　查表程序设计

一、实验目的

熟悉 MCS-51 单片机查表指令的功能及其程序设计方法。

二、实验任务

设计并调试程序，利用查表的方法，完成运算 $x = a^2 + b^2$。其中，变量 a、b 为 0~9 的十进制数，且 a、b、x 依次存放在以 20H 开始的单元中。

三、实验原理

MCS-51 查表指令有如下两条：

```
MOVC    A，@A+PC
MOVC    A，@A+DPTR
```

1. 用 PC 作为基地址的查表方法

当表格长度加上偏移量不大于 256 字节，即所查表格为位于源程序邻近的较小表格时，可采用此种方法查表。其优点是它不影响指针 DPTR 的内容。操作步骤如下：

(1) 将所查表中访问项的偏移值装入累加器 A 中。

(2) 使用 ADD A，♯ADDR 指令进行地址调整。ADDR 是查表指令 MOVCA，@A+PC 执行以后的地址（即该指令地址加 1 的值）到所查表的首地址间的距离，则算出这两个地址之间其他指令所占的字节数即为 ADDR 的值。

(3) 执行查表指令进行查表，将结果送累加器 A 中。

参考程序 1：

```
        ORG    8000H
        MOV    A，20H
        ACALL  SQR
        MOV    R1，A
        MOV    A，21H
        ACALL  SQR
        ADD    A，R1
        MOV    22H，A
        SJMP   $
        NOP
SQR：ADD    A，♯03H
        MOVC   A，@A+PC
        NOP
        NOP
        RET
        DB 0，1，4，9，16
        DB 25，36，49，64，81
        END
```

用 PC 作为基地址查表的 C 语言程序：

```
♯include ＜reg52.h＞
♯include ＜stdio.h＞
♯include ＜intrins.h＞
extern serial_initial()；
```

```
unsigned char   a _at_ 0x20；
unsigned char   b _at_ 0x21；
unsigned char   x _at_ 0x22；
unsigned char code square[]＝{0，1，4，9，16，25，36，49，64，81}；//程序存储器中
main()
{
    serial_initial()；
    a＝5；
    b＝8；
    _nop_()；//在单片机内部数据存储器 20H、21H 单元中置入数值
    x＝square[a]＋square[b]；
    printf("a＊a＋b＊b＝%bd\n"，x)；
    while(1)；
}
```

2. 用 DPTR 作为基地址的查表方法

使用步骤：

(1) 将所查表格的首地址存入 DPTR 数据指针寄存器。

(2) 将访问项的偏移量装入累加器 A 中。

(3) 用 MOVC A，@A＋DPTR 指令读数，将结果送回累加器 A 中。

参考程序 2：

```
        ORG     8000H
        MOV     DPTR，♯TABLE
        MOV     A，20H
        MOVC    A，@A＋DPTR
        MOV     R1，A
        MOV     A，21H
        MOVC    A，@A＋DPTR
        ADD     A，R1
        MOV     22H，A
        SJMP    $
        NOP
        ORG     8080H
TABLE：DB 0，1，4，9，16
        DB 25，36，49，64，81
        END
```

用 DPTR 作为基地址查表的 C 语言程序：

```
♯include ＜reg52.h＞
♯include ＜stdio.h＞
♯include ＜intrins.h＞
extern serial_initial()；
unsigned char   a _at_ 0x20；
unsigned char   b _at_ 0x21；
```

```
unsigned char   x _at_ 0x22;
unsigned char xdata square[]={0, 1, 4, 9, 16, 25, 36, 49, 64, 81};//数据存储器中
main()
{
    serial_initial();
    a=5;
    b=8;
    _nop_();//在单片机内部数据存储器 20H、21H 单元中置入数值
    x=square[a]+square[b];
    printf("a * a+b * b=%bd\n", x);
    while(1);
}
```

四、实验方法

设置(20H)=5,(21)=8,分别运行参考程序 1 或 2,观察单元 22H 中的内容。

对于 C 语言程序,除了可以利用"Watch and Call Stack Windows"窗口观察、修改变量的数值外,还可以通过查看"Serial ♯1"窗口的屏幕输出观察结果。

汇编结果:59H。

C 语言结果:89。

4.6   散转程序设计

一、实验目的

熟悉 MCS-51 单片机散转指令的功能和应用,掌握多分支程序设计方法。

二、实验任务

在单片机系统中设置加、减、乘、除四个运算命令功能键,它们的键号分别为 0、1、2、3。当其中一个键被按下时,将对(20H)和(21H)两存储单元的数进行相应的运算。具体如下:20H 单元放被加数、被减数、被乘数或被除数,输出结果的低 8 位或商;21H 单元放加数、减数、乘数或除数,输出进位、借位、结果的高 8 位或余数。

三、实验原理

当转移分支较多时,采用散转程序可大大提高编程效率。

参考程序:

```
♯ include <reg52.h>
♯ include <stdio.h>
♯ include <intrins.h>
extern serial_initial();
unsigned char ( * p)();            //函数型指针
unsigned char   x _at_ 0x20;
```

```
unsigned char   y _at_ 0x21;
unsigned int    z _at_ 0x30;
main( )
{
    unsigned char w;
    serial_initial( );
    p＝0x135a;          //学习机上的读取键值子程序的入口地址
    while(1)
    {
        x＝0xED;      //在单片机内部数据存储器 20H 单元中置入一个数
        y＝0x5A;      //在单片机内部数据存储器 21H 单元中置入一个数
        ( * p)( );     //调用读取键值子程序
        w＝ACC;       //读取的键值存放在 ACC 寄存器中
        switch(w){
            case 0:{z＝x＋y;break;}
            case 1:{z＝x－y;break;}
            case 2：{z＝x * y;break;}
            case 3：{z＝x/y;break;}
            default:break;
        }
        printf("z＝％x\n", z);
    }
}
```

说明：本程序使用了 JXMON51 监控程序中的键盘/显示子程序，其入口地址为 135AH，返回的键值存放在累加器 A 中。

四、实验方法

由于执行了键盘/显示子程序，因此当程序执行后，将等待键盘的输入。我们可从学习机的小键盘键入数字键 0、1、2 或 3，分别完成加、减、乘或除运算。

对于 C 语言程序，可在 x＝0xED 处设置断点，之后运行程序，输入按键，除了可以利用"Watch and Call Stack Windows"窗口观察、修改变量的数值外，还可通过"Serial ♯1"的窗口屏幕观察结果。注意：30H 中存放进位、借位或积的高 8 位，31H 中存放和、差、积的低 8 位或商。

4.7   动态数码管显示程序设计

一、实验目的

掌握 MCS－51 单片机动态数码管显示程序设计方法。

二、实验任务

设计并调试一个动态显示程序，利用多功能学习机第 4 模块所提供的 6 个共阴极数码管(见图2-5)依次显示1、2、3、4、5、6这六个数字。已知数码管的位选通地址为7F90H，段选通地址为7F80H，显示缓冲区为单片机内部RAM 50H~55H单元。

三、实验原理

动态显示就是一位一位轮流点亮各位显示器。通常各位显示器的段选线相应地并接在一起。本学习机就是通过一片锁存器74LS573将各段选线并接在一起的(见图2-5)。另外，各位的位选线通过另一片74LS573和一片反向器MC1413构成的I/O口的不同位来控制。由于端口公用，因此在同一时刻，若要各位LED能显示和本位相应的字符，就必须采用动态扫描方式，即在同一时刻只选通一个显示器，并送出相应的段码，而在下一时刻再选通另一显示器，并送出相应段码，如此循环，便可显示出要输出的字符。虽然这些字符是在不同时刻分别显示的，但只要每位显示间隔足够短，利用人的视觉暂留现象，就可给人以稳定显示的感觉。

可见，动态数码管显示可以大幅度降低硬件成本和电源功耗，因为某一时刻只有一个数码管工作，也就是所谓的分时显示，故显示所需要的硬件电路可分时复用。图2-5中MC1413作为反相驱动器，其最大驱动电流为500 mA，假如数码管的8个二极管都点亮，则共有80 mA电流从阴极流出，MC1413完全有能力接收80 mA的灌入电流。

图2-5中采用的是共阴极数码管，由图4-1所示的数码管的发光段排列可知，要想显示"0"，则a至f段必须为高电平，g和小数点dp必须送低电平，因此由74LS573送出的十六进制段码应为3FH，其余依次类推。为方便起见，程序设计时将欲显示的数字和需要由74LS573送出的段码采用查表的方式对应。

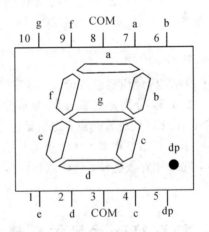

图4-1　数码管的发光段排列及引脚

C语言参考程序：

```
#include <reg52.h>
#include <stdio.h>
#include <intrins.h>
#include <absacc.h>
extern serial_initial();
```

```
void delay(int x);
unsigned char    d[6] _at_ 0x50;
#define    SEGMENT    XBYTE[0x7F80]        //段码寄存器地址
#define    BIT_LED    XBYTE[0x7F90]        //位码寄存器地
unsigned char code seg_code[]={ 0x3F, 0x06, 0x5B, 0x4F, 0x66, 0x6D, 0x7D,
                                 0x07, 0x7F, 0x67, 0x77, 0x7C, 0x39, 0x5E,
                                 0x79, 0x71, 0x00
                               };                //程序存储器中
main()
{
    unsigned char i, display_bit;
    serial_initial();
    for(i=0;i<=5;i++) d[i]=i+1;      //从数据存储单元 50H 开始,连续置入数值
    _nop_();
    display_bit=1;
    i=0;
    while(i<=5){
        SEGMENT=seg_code[d[i]];
        BIT_LED=display_bit;
        printf("%bx", d[i]);
        delay(3);//如果没有打印输出语句占用时间,则此处的延迟时间应调大
        BIT_LED=0;
        display_bit=display_bit<<1;
        if(display_bit>32) display_bit=1;
        i++;
        if(i>=6)
        {
            i=0;
            printf("\n");
        }
    }
}


void delay(int x)
{
    while(x>=0){x--;}
}
```

四、实验方法

对于 C 语言程序,已在程序中为 50H～55H 单元赋值,除了可观察数码管的显示结果外,还可通过查看"Serial #1"窗口的屏幕输出观察结果。

4.8　多级中断的程序设计与调试

一、实验目的

通过实验验证多级中断程序的执行流程。

二、实验任务

程序中包含 INT0、INT1 两个中断服务程序，利用逻辑开关产生中断申请，分别观察不同级别的中断源相互作用时（即高优先级中断打断低优先级中断或低优先级中断打断高优先级中断时）程序的执行流程。

三、实验原理

根据中断系统的工作原理，在执行高优先级的中断服务程序时，若有低优先级中断源提出中断申请，则只有在高优先级的中断服务程序执行完成后，CPU 才去响应低优先级中断源的申请，转去执行低优先级中断服务程序。而当 CPU 执行低优先级的中断服务程序时，若有高优先级中断源提出中断申请，则在执行完当前指令后，CPU 马上响应高优先级中断源的申请，转去执行高优先级中断服务程序。只有在高优先级中断服务程序执行完成后，才再回到原低优先级中断服务程序中，继续完成被中断了的工作。

C 语言参考程序：

```c
#include <reg52.h>
#include <stdio.h>
#include <intrins.h>
sbit my_INT0 = P3^2;
sbit my_INT1 = P3^3;
sbit psw5 = PSW^5;
sbit INT0_flag = P1^5;          //实验时接示波器1号通道
sbit INT1_flag = P1^6;          //实验时接示波器2号通道
main()
{
    EX0=EX1=1;                  //允许外部中断0和外部中断1申请中断
    IT0=IT1=1;                  //下降沿有效
    EA=1;                       //允许中断总开关
    PX0=1;                      //外部中断0高优先级
    PX1=0;                      //外部中断1低优先级
    INT0_flag= 0;
    INT1_flag= 0;
    ACC=0xff;
    _nop_();
    B=0xff;
    _nop_();            //①
```

```
    while(1)
    {
      psw5=0;
      _nop_();
      _nop_();
    }
}


void external_0(void) interrupt 0
{
    INT0_flag= 1;        //在这个中断服务中保持高电平不变
    _nop_();             //空操作
    ACC=0x00;
    _nop_();             //②
    _nop_();
    while(my_INT0==0)
    {
      _nop_();
      _nop_();
    }
    B=0x00;
    _nop_();             //③
    _nop_();
    INT0_flag= 0;
}


void external_1(void) interrupt 2
{
    INT1_flag=1;
    ACC=0x01;
    _nop_();             //④
    _nop_();
    while(my_INT1==0)
    {
      _nop_();
      _nop_();
    }
    psw5=1;
    _nop_();             //⑤
    _nop_();
    INT1_flag=0;
}
```

四、实验方法

请按以下步骤操作，并结合程序比较各步骤中的实验结果与理论分析是否一致。

1. 高优先级中断打断低优先级中断的实现步骤

（1）INT0、INT1 端分别接两个逻辑开关，并将输入置为高电平。

（2）在源程序①～⑤（源程序中有标注的指令）处分别设置断点。

（3）点击"Run"运行程序，观察指针 PC 所在位置，以及寄存器 A、B 和位 PSW.5 的内容。

（4）点击"Run"继续运行程序，此时程序一直处于运行状态，请分析原因。

（5）将 INT1 由高电平置成低电平，观察 PC 指针所在位置，以及寄存器 A、B 和位 PSW.5 的内容。

（6）点击"Run"继续运行程序，此时程序一直处于运行状态，请分析原因。

（7）将 INT0 由高电平置成低电平，观察 PC 指针所在位置，以及寄存器 A、B 和位 PSW.5 的内容。

（8）点击"Run"继续运行程序，此时程序一直处于运行状态，请分析原因；然后将 INT0 由低电平置成高电平，观察 PC 指针所在位置，以及寄存器 A、B 和位 PSW.5 的内容。

（9）点击"Run"继续运行程序，此时程序一直处于运行状态，请分析原因；然后将 INT1 由低电平置成高电平，观察 PC 指针所在位置，以及寄存器 A、B 和位 PSW.5 的内容。

（10）点击"Run"继续运行程序，观察 PC 指针所在位置，以及寄存器 A、B 和位 PSW.5 的内容。

2. 高优先级中断服务时低优先级中断的实现步骤

（1）INT0、INT1 端分别接两个逻辑开关，并将输入置为高电平。

（2）在程序①～⑤处分别设置断点。

（3）点击"Run"运行程序，观察指针 PC 所在位置，以及寄存器 A、B 和位 PSW.5 的内容。

（4）点击"Run"继续运行程序，此时程序一直处于运行状态，请分析原因。

（5）将 INT0 由高电平置成低电平，观察 PC 指针所在位置，以及寄存器 A、B 和位 PSW.5 的内容。

（6）点击"Run"继续运行程序，此时程序一直处于运行状态，请分析原因。

（7）将 INT1 由高电平置成低电平，观察此时程序的执行有无变化，请分析原因。

（8）将 INT0 由低电平置成高电平，观察 PC 指针所在位置，以及寄存器 A、B 和位 PSW.5 的内容。

（9）点击"Run"继续运行程序，观察 PC 指针所在位置，以及寄存器 A、B 和位 PSW.5 的内容。

（10）点击"Run"继续运行程序，此时程序一直处于运行状态，请分析原因；然后将 INT1 由低电平置成高电平，观察 PC 指针所在位置，以及寄存器 A、B 和位PSW.5的内容；

最后，点击"Run"继续运行程序，观察 PC 指针所在位置，以及寄存器 A、B 和位 PSW.5 的内容。

对于 C 语言程序，实验时单片机的 P1.5 口和 P1.6 口分别接示波器的 1 号和 2 号通道。观察实验结果时，除了可以观察寄存器数值是否变化之外，还可以利用示波器观看波形以验证实验结果。

第5章 专用芯片和系统接口电路的开发

本章主要介绍系统设计中常见的一些专用芯片的使用方法，以及单片机系统的扩展和接口电路的设计。

5.1 存储器的扩展

5.1.1 扩展数据存储器

一、实验目的

了解 51 单片机扩展数据存储器的原理及方法。

二、实验任务

利用 6264(SRAM 8K)扩展数据存储器。使用学习机的键盘输入读/写该存储器，无误后编写两个程序，第一个程序负责将数据写到 6264，第二个程序负责读取该数据并发送至P1 口，以控制小灯的闪亮和熄灭。

三、实验原理

实验原理图如图 5－1 所示。6264 的地址由锁存器 74LS573 在 ALE 信号的下降沿锁存，6264 的片选端为低有效，由译码器 74HC138 的输出 Y2 控制。因此该 6264 的地址范围为 4000H～5FFFH。

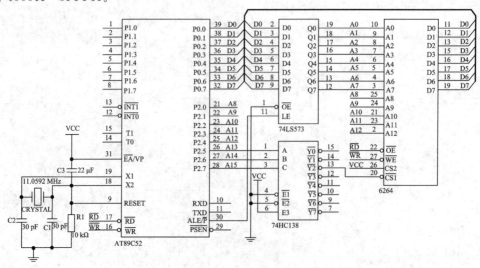

图 5－1 数据存储器扩展的电路图

需要说明的是：外部数据存储器的寻址范围为 0000H～FFFFH，共 64 KB，其中，8000H～FFFFH 的 32 KB 寻址空间被用户程序和数据占用，7F80H～7F8FH、7F90H～7F9FH、7FA0H～7FAFH 为学习机系统本身所占用，7FB0H～7FBFH、7FC0H～7FCFH、7FD0H～7FDFH、7FE0H～7FEFH、7FF0H～7FFFH 为用户预留 I/O 端口。由此可见，不能在 6000H 到 7FFFH 之间扩展 8 KB 的 RAM 作数据存储器。可用于扩展 8 KB 的 RAM 的地址是：0000H～1FFFH，2000H～3FFFH，4000H～5FFFH。本实验以 4000H～5FFFH 为例，故 6264 的片选信号$\overline{\text{CS1}}$应接至 3 - 8 译码器的$\overline{\text{Y2}}$引出脚上。另外，为了方便起见，我们还可以借用学习机上已经扩充好的数据存储器来完成本次实验，地址选用 A000H～BFFFH（该地址范围是 62256 芯片中的一个 8 KB 数据空间）。

参考程序 1（写数据）：

```
#include <reg52.h>
unsigned char xdata * addr;     //xdata 表示声明的变量的值将被保存到外部 RAM
                                //addr 的范围为 0x0000～0xffff
void main(void)
{    unsigned char j;
     unsigned char xdata * addr;
     addr=0x4000;               //或者 0xA000
     for(j=0x01;j<0x80;j<<=1)
     {
          * addr=j;
          addr++;
     }
     for(j=0x80;j>0x01;j>>=1)
     {
          * addr=j;
          addr++;
     }
     while(1);
}
```

参考程序 2（读数据）：

```
#include <reg52.h>
void wait (unsigned int);
void main (void)
{
     unsigned char xdata * addr;
     while (1)
     {//或者用 0xA000、0xA00D 替换 0x4000，addr< 0x400d
         for (addr=0x4000; addr< 0x400d ; addr++)
         {
         P1 = * addr;
             wait(10000);
         }
```

```
        }
    }
    void wait（unsigned int count）
    {
        unsigned int i;
        for（i= 0；i ＜ count；i＋＋）；
    }
```

四、实验方法

按图5-1连接线路，图中地址低8位经锁存器锁存后的信号在学习机上有相应的插孔（参见学习机第26模块），直接连接到6264的低8位，P1的8个插孔依次接至8个指示灯。然后，新建工程并编译下载参考程序1，执行后再新建工程并编译下载参考程序2，执行后就可看到小灯被循环点亮，然后熄灭。如果使用学习机已扩充的存储器，则不需用额外连线。

5.1.2 扩展程序存储器

一、实验目的

了解单片机扩展程序存储器的原理及方法。

二、实验任务

在5.1.1节的基础上，将6264(SRAM 8K)扩展为程序存储器。连接线路，写一段小灯闪烁的程序并编译下载到6264芯片上，执行该程序，观察小灯的亮灭。最后用烧写器将该程序写到2764(EPROM)芯片上，用该2764替换6264，执行程序，观察小灯的亮灭。

三、实验原理

要让6264具有程序存储器的功能，我们要在5.1.1节所用线路上作以下改动：利用PLD实现如图5-2所示的与逻辑，将图中的NRD和NPSEN分别接至AT89C52的$\overline{\text{RD}}$引脚和PSEN引脚，NOE引脚接至6264的$\overline{\text{OE}}$引脚。另外，为了方便起见，我们还可以借用学习机上已经扩充好的程序存储器来完成本次实验，地址选用A000～BFFFH。该地址范围是62256芯片中的一个8 KB数据空间。事实上，学习机上的62256芯片就是按照图5-2的原理扩充的，所以，它既是数据存储器，也是程序存储器。

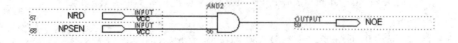

图5-2 $\overline{\text{RD}}$和$\overline{\text{PSEN}}$与逻辑后选通$\overline{\text{OE}}$

参考程序：
```
    ＃include ＜reg52.h＞
```

```
void wait (unsigned int);
void main (void)
{    unsigned char i;
     while (1)
     {
          for(i＝0x01；i＜ 0x80；i＜＜＝1)
          {
               P1 = i；
               wait(10000)；
          }
          for (i＝0x80；i＞ 0x01；i＞＞＝1)
          {    P1＝i；
               wait(10000)；
          }
     }
}
void wait (unsigned int count)
{    unsigned int i；
     for ( i＝ 0；i＜ count；i＋＋)；
}
```

四、实验方法

在 5.1.1 节实验线路的基础上按上述要求修改线路，并在 KEIL51 调试软件中点击 Options for Target 按钮，将外部程序存储器起始地址设置为 0x4000。编译下载参考程序到 4000H(6264)并执行，可看到小灯循环闪烁。然后用烧写器将编译后的 HEX 文件烧写到 2764，之后替换掉 6264，再运行程序，同样可看到小灯循环闪烁。注意：如果利用学习机上所扩充的程序存储器，则必须相应地使用 A000H(在工程项目中使用 JXSTARTUP. A51)作为用户实验程序的首地址。

5.2　端 口 的 扩 展

5.2.1　用 74LS573 扩展并行输出口

一、实验目的

了解单片机扩展并行输出口的原理及方法。

二、实验任务

利用 74LS573 设计并完成一个并行口输出扩展实验。编写程序，利用扩展口的输出依次点亮多功能学习机上的 8 个逻辑指示灯来观察实验结果。

三、实验原理

MCS-51 单片机有 4 个并行口，但对一个稍微复杂的应用系统而言，真正可供用户使用的并行口往往只有 P1 口，况且常常因扩展 I^2C 和 SPI 的器件需占用某些 P1 口，迫使用户不得不扩展并行口以满足实际需要。常用的并行接口芯片有 8255、8155，这两种芯片功能比较全，可以使用在相对比较复杂的系统中。在一般应用中，可以使用 74LS573、74LS373 等完成并行口的扩充。

本实验利用 74LS573 芯片，采用单片机闲置不用的口线（外部中断 1 输入引脚 13）作为选通信号，扩展并行输出端口（见图 5-3）。此种方式连线简单，编程方便灵活。由于本实验中仅用了 1 片 74LS573，所以在 74LS573 的输出端只得到 8 位输出，似乎未实现端口的扩展。其实，如果想得到 16 位的数据端口，只需如法炮制，再增加 1 片 74LS573，将该 74LS573 的 D0～D7 数据位仍与 P1 口对应位相连，锁存端（第 11 引脚）由单片机另一个闲置不用的口线（如外部中断 0 输入引脚 12）来控制输出即可。但需注意，如果使用 74LS573（74LS373）且不对 P1 口进行驱动处理，则最多可扩展四个同样类型的并行输出端口。

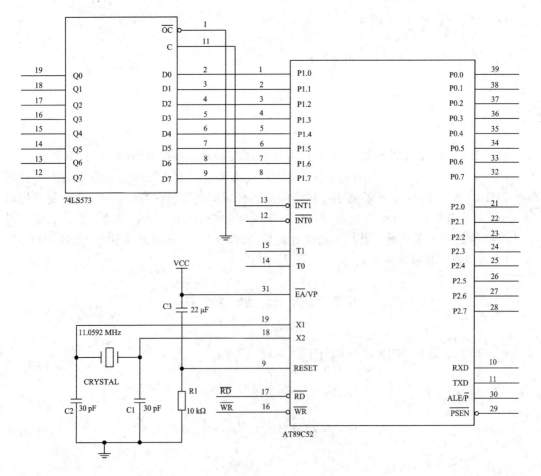

图 5-3 用 74LS573 扩展 8 位并行口

74LS573（或 74LS373）是一种 8D 透明的锁存器，输出受 $\overline{OC}$（1 脚）和 C 端（11 脚）控制。

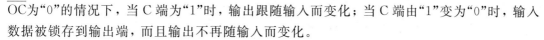

OC 为"0"的情况下，当 C 端为"1"时，输出跟随输入而变化；当 C 端由"1"变为"0"时，输入数据被锁存到输出端，而且输出不再随输入而变化。

参考程序：

```
            ORG       8000H
LP：       CLR       P3.3           ；选通信号无效
            MOV       A，#01H        ；设定从第 1 个灯开始点亮
            MOV       R2，#08H       ；设定 8 个灯的计数
LOOP：MOV   P1，A
            SETB      P3.3           ；选通信号有效
            CLR       P3.3           ；锁定数据，选通信号无效
            RL        A              ；为点亮下一个灯作准备
            ACALL     DELAY          ；调用延迟子程序
            DJNZ      R2，LOOP       ；判断 8 个灯是否均依次点亮过
            SJMP      LP
            NOP
DELAY：MOV  R7，#0A3H
DL1：      MOV       R6，#0FFH
DL2：      DJNZ      R6，DL2
            DJNZ      R7，DL1
            RET
            END
```

扩展并行输出口的 C 语言程序：

```c
#include <reg52.h>
#include <stdio.h>
#include <intrins.h>
extern serial_initial();
void delay(int x);
sbit clk = P3^3;
main()
{
    unsigned char x=0x01;
    unsigned char i;
    clk=0;
    P1=0x00;
    serial_initial();
    while(1)
    {
        for(i=0;i<=7;i++)
        {
            P1=x;
            clk=1;
            _nop_();
```

```
            clk=0;
            printf("x=%bu\n", x);
            x=x<<1;
            delay(1000);
            delay(1000);
            delay(1000);
            }
        x=1;
        }
    }

    void delay(int x)
    {
        while(x>=0){x--;}
    }
```

四、实验方法

按图 5-3 连接线路。将学习机第 24 模块中的 74LS573 的 2~9 脚与单片机 P1 口相连。另外,74LS573 的 1 脚接地,11 脚与单片机 $\overline{\text{INT1}}$ 脚相连。将 74LS573 的输出 12~19 脚依次与 8 个逻辑指示灯相连接,运行参考程序,观察实验结果。

对于 C 语言程序,除了观察逻辑指示灯外,还可以利用"Watch and Call Stack Windows"窗口观察、修改变量的数值,或者通过查看"Serial ♯1"窗口的屏幕输出观察结果。

5.2.2 用 74LS245 扩展并行输入口

一、实验目的

了解 51 单片机扩展并行输入口的原理及方法。

二、实验任务

利用 74LS245 设计并完成一个并行口输入扩展实验。设计实验电路并编写程序,利用逻辑开关输入数据,通过逻辑指示灯观察输入的数据。

三、实验原理

74LS245 是一种三态输出的 8 总线收/发驱动器,无锁存功能。它的 $\overline{\text{G}}$ 端(19 脚)和 DIR 端(1 脚)是控制端。当它的 $\overline{\text{G}}$ 端为低电平时,如果 DIR 为高电平,则 74LS245 将 A 端数据传送至 B 端;如果 DIR 为低电平,则 74LS245 将 B 端数据传送至 A 端。在其他情况下不传送数据,并输出高阻态。

可以利用 74LS245 这一特性扩展并行输入口。实验电路如图 5-4 所示。本实验采用 P0 口总线方式读入外部数据,利用地址译码法得到 74LS245 的片选地址 7FD0。由于本实验中仅用了 1 片 74LS245,所以经 74LS245 只能输入 8 位数据,似乎未实现输入端口的扩展。其实,如果想输入 16 位数据,只需如法炮制,再增加 1 片 74LS245,将该 74LS245 的 B0~B7 数据位仍与 P0 口的对应位相连,其控制引脚(19 脚)接另外的选通地址,即可分时在程序的控制下依次输入 2 个 8 位的数据字节。

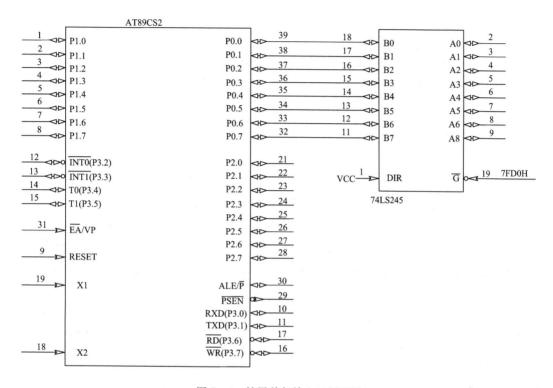

图 5-4　扩展并行输入口原理图

参考程序:

```
           ORG    8000H
           MOV    DPTR,#7FD0H ;芯片 74LS245 对应的选通地址
LOOP:      MOVX   A,@DPTR      ;经 74LS245 读入数据并存放在 A 中
           MOV    P1,A         ;将 A 中的数据通过 P1 口输出
           SJMP   LOOP
           END
```

扩展并行输入口的 C 语言程序:

```
//实验时,如果将 P1 口的输出接至逻辑指示灯,则应考虑负载能力。不同系列单片机,
//负载能力存在差异。如果不能正常驱动逻辑指示灯,则应在 P1 口接上拉 10 kΩ 电阻

#include <reg52.h>
#include <stdio.h>
#include <absacc.h>
#define  input_io   XBYTE[0x7FD0]        //输入端口地址
extern serial_initial();
main()
```

```
        {
            unsigned char x;
            serial_initial();
            while(1)
            {
                x=input_io;
                P1=x;
                printf("x=%bu\n", x);           //将来自端口的数值输出到屏幕
                while(x==input_io);             //等待端口数据变化
            }
        }
```

四、实验方法

按图 5-4 连接线路。将学习机第 23 模块中 74LS245 的 B0～B7 与单片机的 P0 口相连，74LS245 的使能端(19 脚)连接到学习机第 27 模块提供的地址为 7FD0H 的端口上，74LS245 的 DIR(1 脚)接高电平，并将 74LS245 的 A0～A7 与学习机上的 8 个逻辑开关依次相连，将单片机的 P1 口各位与学习机上的 8 个逻辑指示灯依次相连，运行参考程序，拨动逻辑开关，观察结果。

对于 C 语言程序，当改变逻辑开关的状态时，除了观察逻辑指示灯的显示外，还可以利用 "Watch and Call Stack Windows" 窗口观察、修改变量的数值，或者通过查看 "Serial ♯1" 窗口的屏幕输出观察结果。

5.2.3　用串行口扩展并行输出

一、实验目的

了解单片机使用串行口扩展并行输出的原理及方法。

二、实验任务

使用华邦单片机实现用串行口扩展并行输出，用逻辑指示灯显示输出结果。本实验需要一个华邦 W77E58-40 芯片、一个 74164 串/并转换芯片(可用 PLD 实现)。

三、实验原理

华邦公司(Winbond)的单片机 W77E58-40(或者 W78E58-40)其资源比普通单片机丰富，有两个串行口：0 号串行口(RXD(P3.0)，TXD(P3.1))和 1 号串行口(RXD1(P1.2)，TXD1(P1.3))。学习机占用了串行口 0，故本实验只能使用串行口 1。如果学习机上的单片机使用的是 AT89C52 芯片，则不能进行本实验。

如图 5-5 所示，使用 PLD 实现 74164 模块功能，将 74164 的数据输入端 A 和 B 与单片机的串口数据输入端 RXD 相连，移位时钟端 CLK 与单片机的 TXD 相连。

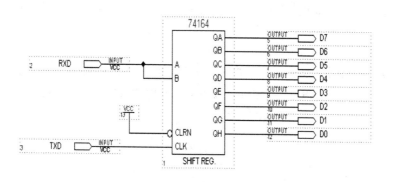

图 5-5　使用 PLD 实现 74164 模块功能

参考程序：

```
            ORG     8000H
    SCON1   EQU     0c0h
    SBUF1   EQU     0c1h
            MOV     A，♯01H
    LOOP：  MOV     SCON1，♯00H
            MOV     SBUF1，A
            RL      A
            LCALL   DELAY
            SJMP    LOOP
    DELAY：MOV      R4，♯0FFH
    D1：    MOV     R2，♯0FFH
    D2：    DJNZ    R2，D2
            DJNZ    R4，D1
            RET
            END
```

四、实验方法

将 P1.2 和 P1.3 分别接至图 5-5 的 RXD 端和 TXD 端，将输出端接到指示灯。运行程序，可看到小灯循环闪烁。

5.2.4　用串行口扩展并行输入

一、实验目的

了解单片机使用串行口扩展并行输入的原理及方法。

二、实验任务

使用华邦单片机实现用串行口扩展并行输入，调用监控程序显示模块在数码管显示输入结果。

本实验需要一个华邦 W77E58-40 芯片、一个 74165 并/串转换芯片（可用 PLD 实现）。

三、实验原理

图 5-6 为使用 PLD 实现 74165 模块功能的电路图。利用该图连接电路图时，SER 不用接，A7 到 A0 依次接逻辑开关，STLD 接 P1.0（控制 74165 转换），CLKIH 接地，CLK 接 P1.3（同步信号），SOUT 接 P1.2（串行数据）。

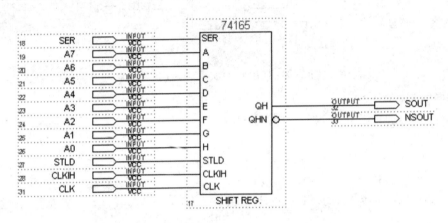

图 5-6　使用 PLD 实现 74165 模块功能

参考程序：

```
              ORG     8000H
              SCON1   EQU      0C0H
              SBUF1   EQU      0C1H
      LOOP：  SETB    P1.0
              CLR     P1.0
              SETB    P1.0
              MOV     SCON1，#10H；
              JNB     SCON1.0，$
              MOV     A，SBUF1
              MOV     DPTR，#0D000H
              MOVX    @DPTR，A
              MOV     R0，#0C5H
              MOV     B，A
              SWAP    A
              ANL     A，#0FH
              MOV     @R0，A
              INC     R0
              MOV     A，B
              ANL     A，#0FH
              MOV     @R0，A
              LCALL   13C1H
```

```
SJMP    LOOP
END
```

四、实验方法

线路连接无误后，编译下载参考程序，执行后会在数码管上显示数字。左边两位数字（十六进制）代表输入的 8 位二进制数。例如，当开关状态为 10100010 时，显示数字为 A2。改变开关状态，显示的数字随之改变。

5.2.5　用 8255 扩展并行口

一、实验目的

通过实验掌握 8255 扩展 I/O 口的方法。

二、实验任务

设置 8255 的 A 口为输入口，连接 8 个逻辑开关；设置 8255 的 B 口为输出口，连接 8 个发光二极管；检测开关对发光二极管的控制作用。

三、实验原理

1. 8255 的引脚

8255 为可编程输入/输出接口芯片，具有 A、B、C 三个 8 位 I/O 口，有三种工作方式，并且 C 口具有按位操作的功能。

8255 有 40 个引脚，各引脚的功能如下：

D7～D0：三态双向数据引脚，与单片机的数据总线相连，用于 CPU 与各 I/O 口之间的数据传输。

PA7～PA0：A 口输出/输入引脚。

PB7～PB0：B 口输出/输入引脚。

PC7～PC0：C 口输出/输入引脚。

$\overline{\text{CS}}$：片选信号线，低电平有效。

$\overline{\text{RD}}$：读信号线，低电平有效，控制数据读出。

$\overline{\text{WR}}$：写信号线，低电平有效，控制数据写入。

RESET：复位信号线，高电平有效。

A1A0：地址线，控制三个端口和控制字寄存器的地址。A1A0＝00H 指向 A 口；A1A0＝01H 指向 B 口；A1A0＝10H 指向 C 口；A1A0＝11H 指向工作方式控制字寄存器。

GND（第 7 脚）：接地。

VCC（第 26 脚）：接电源 5 V。

2. 8255 的工作方式

（1）工作方式 0：基本输入/输出方式。8255 具有两个 8 位的端口和两个 4 位的端口（C

口的上、下半部分)；任意一个端口都可以设定为输入或输出。

(2) 工作方式 1：选通工作方式。三个端口分为两组——A 组和 B 组，A 组由 A 口和 C 口的上半部分组成，B 组由 B 口和 C 口的下半部分组成，每组的 C 口可作为控制/状态信号位。

(3) 工作方式 2：双向数据传送方式。A 口可设置为双向数据端口，C 口的 PC3～PC7 可作为 5 位控制/状态信号端口。该方式仅适于 A 口。

3. 8255 的工作方式控制字

8255 的工作方式是由 8255 内部的工作方式控制字寄存器的内容决定的。单片机可通过编程改变其内容。工作方式控制字寄存器中 D7～D0 位的内容如下：

D7：置方式标志。该位为"1"，表示控制寄存器中存放的是工作方式控制字。

D6D5：A 组端口工作方式选择。这两位为"00"，表示选择方式 0；这两位为"01"，表示选择方式 1；这两位为"10"或"11"，表示选择方式 2。

D4：该位为"1"，表示选择置端口 A 为输入；该位为"0"，表示选择置端口 A 为输出。

D3：该位为"1"，表示选择置端口 C(上半部)为输入；该位为"0"，表示选择置端口 C(上半部)为输出。

D2：该位为 B 组端口工作方式选择位。该位为"0"，表示选择方式 0；该位为"1"，表示选择方式 1。

D1：该位为"1"，表示选择置端口 B 为输入；该位为"0"，表示选择置端口 B 为输出。

D0：该位为"1"，表示选择置端口 C(下半部)为输入；该位为"0"，表示选择置端口 C(下半部)为输出。

4. 8031 与 8255 的接口

实验原理图如 5-7 所示。根据实验任务，A 口设置为基本输入方式，B 口设置为基本输出方式。因此，工作方式控制字为 90H。另外，根据原理图，各 I/O 口和控制字寄存器地址分别为：A 口为 7FFCH；B 口为 7FFDH；控制字寄存器为 7FFFH。

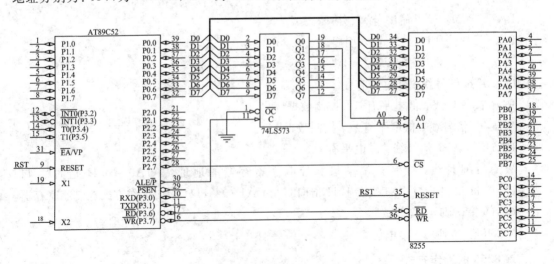

图 5-7 8255 接口电路

参考程序：

```
        ORG    8000H
        MOV    DPTR，#7FFFH
        MOV    A，#90H
        MOVX   @DPTR，A
LOOP：  MOV    DPTR，#7FFCH
        MOVX   A，@DPTR
        INC    DPTR
        MOVX   @DPTR，A
        AJMP   LOOP
        END
```

四、实验方法

由于学习机第 26 模块已提供了经 74LS573 锁存后的地址，因此用户只需将 8255 的 A1A0 地址线直接连到 26 模块的相应 A1A0 地址端即可，然后将 8255 的 $\overline{CS}$、$\overline{RD}$、$\overline{WR}$、RESET、D7～D0 分别与单片机的 P2.7、$\overline{RD}$、$\overline{WR}$、RESET、P0 口相连，并将 8255 的 PA 口接学习机上的 8 个逻辑开关，PB 口接逻辑指示灯。运行参考程序，拨动逻辑开关，观察指示灯变化。

5.2.6　I²C 总线形式的并行输入/输出接口扩展

一、实验目的

掌握利用 PCA9557 进行并行输入/输出口扩展和编程的方法。

二、实验任务

了解芯片 PCA9557 的工作原理，利用具有 I²C 总线形式的并行输入/输出接口芯片 PCA9557，对单片机系统进行扩展（用单片机 I/O 口线模拟 I²C 总线）。

三、实验原理

在设计较为复杂的印制电路板时，常常由于元器件较多，走线的密度过高而难以在有限尺寸的范围内完成设计任务。在此种情况下，使用具有 I²C 总线形式的芯片就会使得印制电路板的设计难度减轻，从而提高工作效率。

PCA9557 芯片是 Philips 公司推出的一款 I²C 总线形式的 8 位准双向并行输入/输出接口芯片。使用该芯片进行系统扩展，可在远端提供多个输入、输出端口，从而提高电路设计的灵活性及系统的紧凑性，还可以节约单片机的引脚数目。

表 5-1 和图 5-8 分别为 PCA9557 的引脚功能和内部电路结构图。

1. I²C 接口

I²C 总线由串行时钟（SCL）和串行数据线（SDA）组成，它们二者均需被外接电阻上拉。

只有当总线空闲时，数据传输才可以启动。

表 5-1　PCA9557 的引脚功能

引脚号	引脚名称	功　　能
1	SCL	I²C 时钟总线，通过上拉电阻连接到 VCC
2	SDA	I²C 数据总线，通过上拉电阻连接到 VCC
3	A0	地址输入端，多个器件级联时设置从机地址，接 VCC 或 GND
4	A1	地址输入端，多个器件级联时设置从机地址，接 VCC 或 GND
5	A2	地址输入端，多个器件级联时设置从机地址，接 VCC 或 GND
6	P0	并口的输入/输出口，开漏模式，通过上拉电阻连接至 VCC
7	P1	并口的输入/输出口，推挽模式
8	GND	地
9	P2	并口的输入/输出口，推挽模式
10	P3	并口的输入/输出口，推挽模式
11	P4	并口的输入/输出口，推挽模式
12	P5	并口的输入/输出口，推挽模式
13	P6	并口的输入/输出口，推挽模式
14	P7	并口的输入/输出口，推挽模式
15	RESET	低电平有效，不使用时可通过上拉电阻连接至 VCC
16	VCC	电源

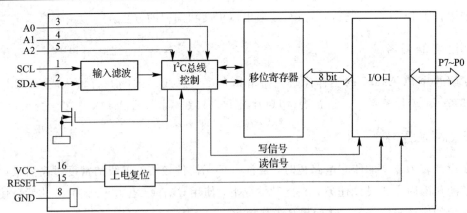

图 5-8　PCA9557 的内部电路结构图

2. 起始和停止信号

当总线空闲时，数据和时钟线保持高电平。

起始信号：SCL 线为高电平时，SDA 线电平由高至低跳变。

停止信号：SCL 线为高电平时，SDA 线电平由低至高跳变。

图 5-9 为起始和停止信号。

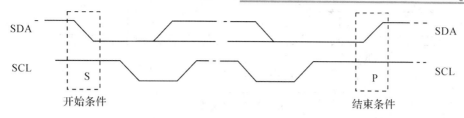

图 5-9 I²C 总线的起始和停止信号

与其他设备通信时，I²C 主机先发送一个起始信号，随后发送设备地址字节，高位在前，最低位为读/写控制位(R/$\overline{W}$)。当读/写控制位为"1"时，表示读操作；当该位为"0"时，表示写操作。接收到主机的有效地址字节后，从设备发送应答信号(ACK)，即在第 9 个时钟周期将 SDA 线拉低，表示接收到一个 8 位数据。

3. PCA9557 设备从地址

PCA9557 芯片具有 3 位地址位引脚，因此在一组 I²C 总线上最多可以挂接 8 个同类芯片。PCA9557 的从地址格式如图 5-10 和表 5-2 所示。

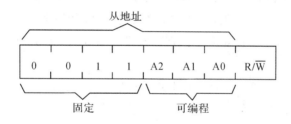

图 5-10 PCA9557 设备地址

表 5-2 PCA9557 地址格式

固定	A2	A1	A0	R/$\overline{W}$	从 地 址	
					十进制	十六进制
0011	L	L	L	1/0	48	30
	L	L	H	1/0	50	32
	L	H	L	1/0	52	34
	L	H	H	1/0	54	36
	H	L	L	1/0	56	38
	H	L	H	1/0	58	3A
	H	H	L	1/0	60	3C
	H	H	H	1/0	62	3E

4. 控制寄存器和命令字节

PCA9557 具有 4 个寄存器，分别是输入端口寄存器(寄存器 0)、输出端口寄存器(寄存器 1)、极性反转寄存器(寄存器 2)和配置寄存器(寄存器 3)。CPU 通过访问这些寄存器，可实现配置及数据读/写操作。PCA9557 访问不同寄存器时的命令字节如图 5-11 所示。

| 0 | 0 | 0 | 0 | 0 | 0 | B1 | B0 |

寄存器格式低2位		命令字	寄存器	协议	上电默认
B1	B0	（十六进制）			
0	0	0x00	输入端口	只读	xxxx xxxx
0	1	0x01	输出端口	读/写	0000 0000
1	0	0x10	极性反转	读/写	1111 0000
1	1	0x11	配置	读/写	1111 1111

图 5－11　PCA9557 的命令字节

（1）输入端口寄存器（寄存器 0）：该寄存器只能进行读操作，不能进行写操作。缺省值是由外部施加的逻辑电平决定的。

（2）输出端口寄存器（寄存器 1）：CPU 将欲输出的数据写入该寄存器。当并口引脚被定义为输入时，向该寄存器写入数据，无意义；作为输出时，引脚值来自于输出端口寄存器。

（3）极性反转寄存器（寄存器 2）：该寄存器只对端口输入模式有效。对应该寄存器为 1 的位会被反相，对应为 0 者为同相。

（4）配置寄存器（寄存器 3）：该寄存器用于配置并口的方向。该寄存器中为 1 的位为输入引脚，为 0 的位为输出引脚。

以上 4 个寄存器中各位的缺省值分别如图 5－12 的（a）～（d）所示。

寄存器 0（输入端口寄存器）

位	I7	I6	I5	I4	I3	I2	I1	I0
缺省值	x	x	x	x	x	x	x	x

（a）

寄存器 1（输出端口寄存器）

位	07	06	05	04	03	02	01	00
缺省值	0	0	0	0	0	0	0	0

（b）

寄存器 2（极性反转寄存器）

位	N7	N6	N5	N4	N3	N2	N1	N0
缺省值	1	1	1	1	0	0	0	0

（c）

寄存器 3（配置寄存器）

位	C7	C6	C5	C4	C3	C2	C1	C0
缺省值	1	1	1	1	1	1	1	1

（d）

图 5－12　PCA9557 寄存器的缺省值

5. 总线传输时序

（1）写操作：有两种情形，一种是写输出数据端口，如图5-13所示，另一种是写寄存器，如图5-14所示。

图5-13是写数据的时序，其格式是：从地址＋命令字节＋数据字节。随后可以是连续数据输出操作。换言之，只要是输出数据，不论其输出数据个数有多少，只要在本轮开始时发送从地址＋命令字节，后续就可以连续发送数据。

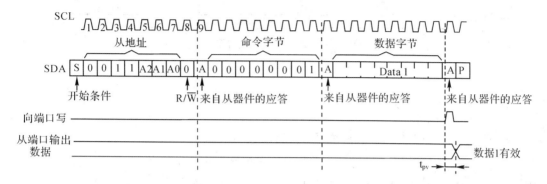

图5-13　写输出数据的时序图

图5-14是写寄存器的时序，其格式是：从地址＋命令字节＋写到寄存器的数据。这种格式适合于对配置寄存器和极性反转寄存器进行设置。

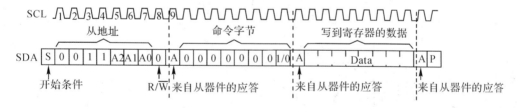

图5-14　写入配置或极性反转寄存器的时序图

（2）读操作：有两种情形，一种是读寄存器，如图5-15所示，另一种是读输入端口，如图5-16所示。

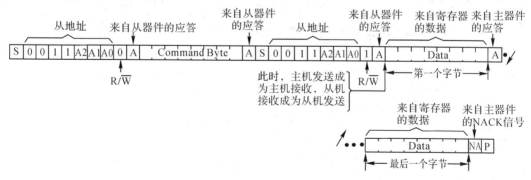

图5-15　读寄存器的时序图

CPU读寄存器的时序格式：从地址＋命令字节＋从地址＋数据。

CPU读输入端口的时序格式：从地址 ＋ 数据 ＋ … ＋ 数据 ＋…。

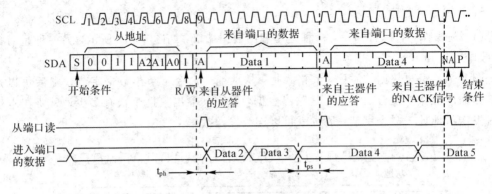

图 5 - 16　读输入端口的时序图

四、实验电路和参考程序

1. 使用 PCA9557 芯片扩展单片机的并行输出口

图 5 - 17 是使用 PCA9557 芯片将单片机系统扩展为并口输出的原理图及连接方式,其中单片机的 P3.2(12 脚)、P3.3(13 脚)模拟 I²C 信号,分别与 PCA9557 板上的 SDA、SCL 相连。

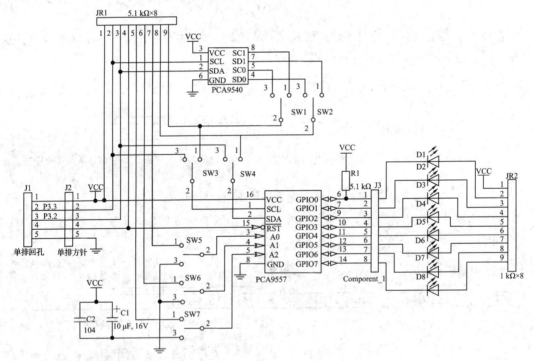

图 5 - 17　PCA9557 扩展并行口的原理图

参考程序(实现流水灯):

```
#include<reg52.h>
#include<stdio.h>
#include<intrins.h>        //内部函数_nop_()
#include<absacc.h>         //绝对地址访问
```

```
#define        OUTPUT        0x00           //输出模式
#define        INPUT         0xff           //输入模式
#define        OUT_IN        0x0f           //高 4 位输出、低 4 位输入模式
#define        WR            0x00
#define        RD            0x01
#define        INVERT        0xff           //极性反转
#define        NOINVERT      0x00           //极性不反转
#define        Input_reg     0x00           //输入寄存器
#define        Output_reg    0x01           //输出寄存器
#define        Polar_reg     0x02           //极性反转寄存器
#define        Config_reg    0x03           //配置寄存器

sbit           SCL_PCA9557=P3^3;            //与单片机的 P3.3(13 脚)连接
sbit           SDA_PCA9557=P3^2;            //与单片机的 P3.2(12 脚)连接
bdata          char com_data;               //bdata 为可位寻址的内部数据存储器
sbit           mos_bit=com_data^7;
sbit           low_bit=com_data^0;
unsigned char slave_addr=0x30;
void delay(int n);
void WR_PCA9557(char slave_addr, char command, char data_in);

void main()
{    unsigned char data_wr;
     data_wr=0x01;
     while(1)
     {
         WR_PCA9557(slave_addr, Config_reg, OUTPUT);    //配置为输出口
         WR_PCA9557(slave_addr, Output _reg, ~data_wr);  //输出寄存器写
         delay(20000);
         if(data_wr<0x80)
             data_wr=data_wr<<1;
         else
             data_wr=0x01;
     }
}

void start()          //启动读/写时序
{
    SDA_PCA9557=1;
    SCL_PCA9557=1;
    SDA_PCA9557=0;
    SCL_PCA9557=0;
}
```

```
void stop()                //停止操作
{    SDA_PCA9557＝0;
     SCL_PCA9557＝1;
     SDA_PCA9557＝1;
}


void ack()                 //应答函数
{    SCL_PCA9557＝1;
     SCL_PCA9557＝0;
}


void shift8(char a)        //8位移位输出
{    unsigned char i;
     com_data＝a;
     for(i=0;i＜8;i++)
     {
       SDA_PCA9557＝mos_bit;
       SCL_PCA9557＝1;
       SCL_PCA9557＝0;
       com_data＝com_data * 2;
     }
}


void WR_PCA9557(char slave_addr, char command, char data_in)   //写PCA9557寄存器
{    _nop_();
     SDA_PCA9557＝1;
     SCL_PCA9557＝0;
     start ();              //发送启动命令
     shift8(slave_addr);    //发送器件地址
     ack();                 //接收应答信号
     shift8(command);       //发送命令字节
     ack();                 //接收应答信号
     shift8(data_in);       //发送要写入的数据
     ack();                 //接收应答信号
     stop();                //产生停止信号
     _nop_();
}


void delay(int n)             //延时函数
{
     int i;
     for(i=1;i＜=n;i++){;}
}
```

2. 使用 PCA9557 芯片扩展单片机系统的并行输入口

以下是将单片机系统扩展为并行输入口的程序。运行程序之前应提供欲送入的数字信号。SCL、SDA 信号硬件连接不变，将 PCA9557 芯片的并口与单片机的 P1 口相连。

```c
#include<reg52.h>
#include<stdio.h>
#include<intrins.h>
#include<absacc.h>                    //绝对地址访问

#define    OUTPUT      0x00
#define    INPUT       0xff
#define    OUT_IN      0x0f
#define    WR          0x00
#define    RD          0x01
#define    INVERT      0xff
#define    NOINVERT    0x00
#define    Input_reg   0x00
#define    Output_reg  0x01
#define    Polar_reg   0x02
#define    Config_reg  0x03

sbit       SCL_PCA9557=P3^3;          //与单片机的 P3.3 脚连接
sbit       SDA_PCA9557=P3^2;          //与单片机的 P3.2 脚连接
extern serial_initial();
unsigned char bdata com_data;
sbit       mos_bit=com_data^7;
sbit       low_bit=com_data^0;
unsigned char slave_addr=0x30;
void delay(int n);
unsigned char RD_PCA9557(char slave_addr, char command);
void WR_PCA9557(char slave_addr, char command, char data_in);

void main()
{
    unsigned char data_rd;
    unsigned char data_wr;
    serial_initial();
    data_rd=0x00;
    data_wr=0x01;
    WR_PCA9557(slave_addr, Config_reg, INPUT);  //配置 config.reg 为输入
    WR_PCA9557(slave_addr, Polar_reg, INVERT);  //配置为极性翻转
    while(1)
    {
```

```
    P1＝～data_wr；
    data_rd＝RD_PCA9557(slave_addr，Input_reg)；//读取写入的数据
    printf("%bx\n"，data_rd)；
    delay(20000)；
    if(data_wr＜0x80)
        data_wr ＝ data＜＜1；
    else
        data_wr ＝ 0x01；
    }
}


void start()            //启动读/写时序
{
    SDA_PCA9557＝1；
    SCL_PCA9557＝1；
    SDA_PCA9557＝0；
    SCL_PCA9557＝0；
}


void stop()            //停止操作
{
    SDA_PCA9557＝0；
    SCL_PCA9557＝1；
    SDA_PCA9557＝1；
}


void ack()            //应答函数
{
    SCL_PCA9557＝1；
    SCL_PCA9557＝0；
}


void shift8(char a)    //8 位移位输出
{
    unsigned char i；
    com_data＝a；
    for(i＝0；i＜8；i＋＋)
    {
      SDA_PCA9557＝mos_bit；
      SCL_PCA9557＝1；
      SCL_PCA9557＝0；
      com_data＝com_data＊2；
      }
}
```

```
unsigned char RD_PCA9557(char slave_addr, char command)    //读寄存器函数
{    unsigned char i;
     SDA_PCA9557＝1;
     SCL_PCA9557＝0;
     start();                   //发送启动命令
     shift8(slave_addr);        //发送器件地址
     ack();                     //接收应答信号
     shift8(command);           //发送命令字
     ack();                     //接收应答信号
     start();                   //重发启动命令
     shift8(slave_addr | RD);   //主器件重发从器件地址并置 R/W̄ 位为"1"
     ack();                     //接收应答信号
     SDA_PCA9557＝1;
     for(i＝0;i＜8;i＋＋)         //循环 8 次读取从器件发来的 1 字节数据
     {    com_data＝com_data * 2;
          SCL_PCA9557＝1;
          low_bit＝SDA_PCA9557;
          SCL_PCA9557＝0;
     }
     ack();
     stop();                    //产生停止信号
     return(com_data);          //返回读取的数据
}


void WR_PCA9557(char slave_addr, char command, char data_in)    //写寄存器
{    _nop_();
     SDA_PCA9557＝1;
     SCL_PCA9557＝0;
     start();                   //发送启动命令
     shift8(slave_addr);        //发送器件地址
     ack();                     //接收应答信号
     shift8(command);           //发送命令字节
     ack();                     //接收应答信号
     shift8(data_in);           //发送要写入的数据
     ack();                     //接收应答信号
     stop();                    //产生停止信号
     _nop_();
}
void delay(int n)              //延时函数
{
     int i;
     for(i＝1;i＜＝n;i＋＋){;}
}
```

五、实验方法

PCA9557 板子上有 7 个拨码开关，分别有不同的功能。印制电路板上 U1 芯片 PCA9540 未焊接，根据原理图可知，SW1、SW2 不起作用；SW3、SW4 的 2、3 引脚导通（拨码开关向上），选通 PCA9557 的 I^2C 总线；SW5、SW6、SW7 配置从机设备地址，通过 A0～A2 脚的电平确定从机地址，当 SW5、SW6、SW7 的 2、3 脚导通（拨码开关向下）时，A0～A2 脚为 0，从机地址为 0x30。

I^2C 总线上最多可以级联 8 个器件。将两个 PCA9557 板设置为不同的从机地址，挂在 I^2C 总线上，在程序中单片机可对不同地址的从机设备分别进行读/写操作。

5.3 模/数转换

一、实验目的

模/数转换是系统设计中常用的模块电路。本实验主要学习 A/D 转换器 ADC0809 的工作原理，掌握 A/D 转换程序设计方法及 ADC0809 与 51 系列单片机的接口电路设计方法。

二、实验任务

采用查询方式，利用 ADC0809 完成通道零（IN0）的数据采集，并将转换结果显示在数码管上。

三、实验原理

1. 内部结构

ADC0809 是 8 通道 8 位逐次逼近型 A/D 转换器，典型时钟频率为 640 kHz，每一通道转换时间约为 100 μs。图 5-18 是 ADC0809 的内部结构和引脚。该转换器的主要电路包括 8 路模拟开关、地址锁存与译码器、比较器、8 位开关树型 D/A 转换器、逐次逼近寄存器、三态输出锁存器等。因此，ADC0809 可处理 8 路模拟量输入，且有三态输出能力，既可与各种微处理器相连，也可单独工作。

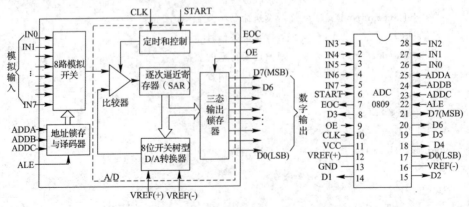

图 5-18 ADC0809 内部结构和引脚

2. 引脚功能

ADC0809 的主要引脚如下：

IN0～IN7：8 路模拟电压输入端，用以输入被转换的模拟电压。

ADDC、ADDB 和 ADDA：模拟通道地址选择端，A 为低位，C 为高位。从 000 到 111 分别选中通道 IN0～IN7。

VREF(＋)和 VREF(－)：基准参考电压端，决定模拟量的量程范围。

CLK：时钟信号输入端，决定 A/D 转换时间。

ALE：地址锁存允许信号，高电平有效，当此信号有效时，三位地址信号被锁存，译码选通对应模拟通道。

START：启动转换信号，正脉冲有效。

EOC：转换结束信号，高电平有效。该位表示一次 A/D 转换已完成，可作为中断触发信号。

OE：输出允许信号，高电平有效。当单片机发出此命令后可以读取数据。

3. 工作时序

根据 ADC0809 的工作时序(见图 5-19)可知，在其工作时首先需由单片机发送通道地址，以选择要转换的模拟输入通道，然后锁存通道地址到内部地址锁存器，并在 START 的下降沿启动 A/D 变换；之后 EOC 引脚被 ADC0809 自动置于低电平，并在转换的过程中一致维持低电平，直至转换结束后 EOC 电平由低变高。最后，应使 OE 引脚电平由低变高(在单片机控制下)，使输出允许后，8 位转换结果才能出现在数据端口，并被有效地读入单片机，供后续处理。

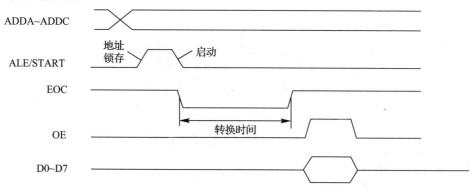

图 5-19　ADC0809 的工作时序

通常可采用三种方式判断并读取转换结果：

(1) 查询方式：通过软件测试 EOC 的状态，即可知道转换是否完成，若完成，则接着进行数据传送。

(2) 延时等待方式：当转换时钟频率固定后，转换时间作为一项技术指标就是已知和固定的。因此，在 A/D 转换启动后，可调用一个延迟子程序，延迟时间大于等于转换时间，转换时间一到，转换就已经完成，接着就可以读取数据了。因此，这种方式下没有利用 EOC 信号。

（3）中断方式：将 ADC0809 的 EOC 端经过一非门连接到 8051 的外部中断引脚（如 $\overline{INT0}$ 端）。采用中断方式可大大节省 CPU 的时间，当转换结束时，EOC 发出一个脉冲向单片机提出中断请求，单片机响应中断请求，由外部中断 0 的中断服务程序读 A/D 结果，并可启动 ADC0809 的下一次转换。外部中断 0 采用边沿触发方式。电路中需要一个非门的原因是 $\overline{INT0}$ 是下降沿触发，而 EOC 信号是上升沿表示转换结束。

四、实验电路及参考程序

图 5 - 20 是本实验中 ADC0809 与 8051 的一种接口电路。图中，将单片机 ALE 信号四分频作为时钟信号。由于单片机晶振为 11.0592 MHz，则 ALE 信号的频率约为 1.8 MHz，因此分频后送给 ADC0809 的时钟信号频率接近 500 kHz。本实验采用查询方式，即将 ADC0809 的 EOC 信号接到 8051 的 I/O 线上（本程序为 EOC 与 P1.0 相连），8051 通过循环查询 EOC 信号，判断转换是否结束。

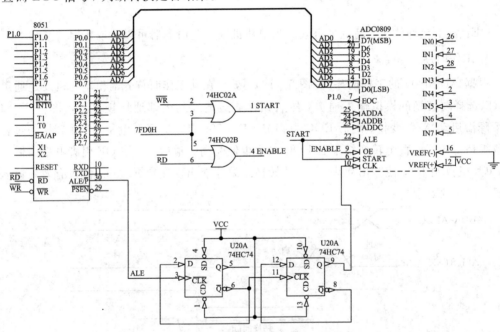

图 5 - 20　ADC0809 的查询连接方式

参考程序（查询方式）：

```
#include <reg52.h>
#include <stdio.h>
#include <intrins.h>
#define unchar unsigned char
extern serial_initial();              //外部函数，在 serial_initial.c 文件中定义

unsigned char (*p)();                 //函数型指针
unsigned char xdata *AD_0809;         //指向 A/D 转换器
unsigned char *disbuf;                //指向内部数据存储器的指针
unsigned char bdata x, y;
```

```
sbit bit_x = x^7;                           //变量 x 的最高位
sbit bit_y = y^7;                           //变量 y 的最高位

sbit EOC = P1^0;                            //接 8 位移位寄存器的串行输出端
main()
{
    unsigned char n;
    serial_initial();
    disbuf = 0xc5;                          //显示缓冲区，显示子程序的要求
    AD_0809 = 0x7fd0;                       //指向 A/D 转换器
    p = 0x13C1;                             //显示子程序的入口地址
    EOC = 1;                                //定义为输入口线
    for(n=0;n<=5;n++)
    { *(disbuf+n)=0x10;}                    //初始化显示缓冲区
    while(1){
        *AD_0809 = 0x00;                    //启动 A/D 转换器的 0# 通道
        while(EOC);                         //查询何时转换结束
        while(!EOC);
        n = *AD_0809;                       //读取转换结果
        *disbuf = (n>>4);
        *(disbuf+1) = (n & 0x0f);
        printf("n=%bx\n", n);
        (*p)();
        (*p)();
    }
}
```

说明：本程序使用了 JXMON51 监控程序中的 INDECAT 子程序，入口地址为 13C1H。调用该程序可将 RAM 显示缓冲区 C5H～CAH 中的内容依次显示在学习机第 4 模块的 6 个数码管上。

除查询方式外，还可采用延迟等待方式，此时只要将以上 C 语言主程序中的指令 while(EOC)和紧接着的 while(!EOC)两条指令去掉，换成如下延迟等待指令即可：

```
        for (j=0; j<200; j++)
```

当然，变量 j 在使用前不要忘记定义。

此外，还可采用中断方式，但需将图 5-20 中的 EOC 经一个反相器后接到单片机的 INT0 端。请自己动手编写程序并调试。

五、实验方法

根据图 5-20 连接线路，为了方便使用，学习机已将单片机与 ADC0809 间的 8 根数据总线 AD0～AD7 连接好。另外，ADC0809 的时钟信号 CLK(10 脚)也已由单片机提供了相关信号。

START、ENABLE 信号可采用两种方式产生：一种是利用 PLD 构造图 5-20 所示的两个或非门生成所需的逻辑；另一种是利用一片或非门 74HC02 产生。74HC02 的引脚图和内部结构如图 5-21(a)、(b)所示。

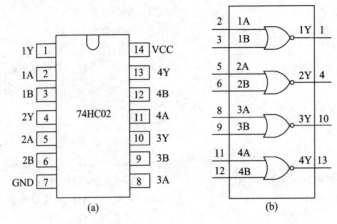

图 5 - 21   74HC02 的引脚图和内部结构

另外，需将两个或非门的公共输入端接到学习机第 27 模块所提供的地址端口上，如 7FD0H；将 ADC0809 的 8 路模拟开关的三位地址选通输入端 ADDA(25 脚)、ADDB(24 脚)、ADDC(23 脚)接地；将 ADC0809 的 EOC(7 脚)与单片机的 P1.0 相连；给 ADC0809 的模拟通道 IN0(26 脚)分别提供直流电压 0 V、1 V、2 V、3 V、4 V 或 5 V。在连机调试状态下运行参考程序，记录转换结果，并与理论值作比较。

对于 C 语言程序，除了观察数码管的显示外，还可以通过查看"Serial ♯1"窗口的屏幕输出观察结果。

注意：在实验中若出现结果错误的情况，可采用动态逐级跟踪法来帮助发现问题。如转换的数字量不正确，造成的原因可能是：程序中存在错误，芯片损坏，接线错误等。此时可利用单片机仿真开发系统进行调试，在程序相应位置处设置断点并运行程序，用示波器依次观察 ADC0809 转换的时钟信号 CLK、单片机的写信号、ADC0809 的启动转换信号 START、转换结束信号 EOC、单片机的读信号、ADC0809 的数据允许输出信号 ENABLE 等是否正确。如发现 START 信号正常而无 EOC 信号发出，则很可能芯片损坏，重新换上一片后系统工作可恢复正常，故障消失。

5.4   数/模转换

一、实验目的

掌握 DAC0832 转换程序设计方法及单片机的接口电路设计方法。

二、实验任务

利用 DAC0832 分别产生正弦波、方波、锯齿波和三角波。

三、实验原理

DAC0832 是一款 8 位 D/A 转换器，转换时间为 1 μs，参考电压为 ±10 V，供电电压为 +5～+15 V，功耗为 20 mW。

1. 内部结构

DAC0832 内部包含两级锁存器(见图 5−22):第一级为输入寄存器,它的锁存信号$\overline{\text{IE1}}$来自 ILE(19 引脚);第二级为 DAC 寄存器,它的锁存信号$\overline{\text{IE2}}$来自传输控制信号 XFER(17引脚)和写入信号$\overline{\text{WR2}}$(18 引脚)。因为有两级锁存器,所以 DAC0832 可以工作在双缓冲器方式,即在输出模拟信号的同时采集下一个数字量,这样能有效地提高转换速度。此外,两级锁存器还可以在多个 D/A 转换器同时工作时,利用第二级锁存信号来实现多个转换器同步输出。图 5−22 中,$\overline{\text{LE}}$="1"时,寄存器有输出;$\overline{\text{LE}}$="0"时,寄存器输入数据被锁存。

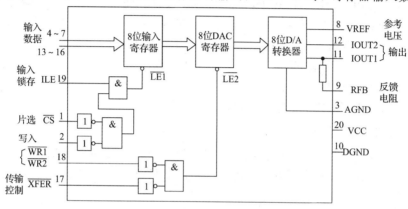

图 5−22　DAC0832 内部结构

当 ILE 引脚为高时,对第一级锁存器而言,当$\overline{\text{CS}}$和$\overline{\text{WR1}}$为低电平时,$\overline{\text{LE1}}$为高电平,输入寄存器的输出跟随输入而变化。当$\overline{\text{WR1}}$由低变高时,$\overline{\text{LE1}}$变为低电平,8 位数据被锁存到输入寄存器中,这时输入寄存器的输出端不再跟随输入数据的变化而变化。对第二级锁存器而言,当$\overline{\text{XFER}}$和$\overline{\text{WR2}}$同时为低电平时,$\overline{\text{LE2}}$为高电平,DAC 寄存器的输出跟随其输入而变化,当$\overline{\text{WR2}}$由低变高时,$\overline{\text{LE2}}$变为低电平,将输入寄存器的数据锁存到 DAC 寄存器。

2. 引脚功能

DAC0832 的引脚如图 5−23 所示。

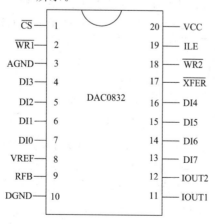

图 5−23　DAC0832 的引脚

DAC0832 各引脚的功能如下:

$\overline{\text{CS}}$:片选信号,和允许锁存信号 ILE 组合来决定是否使其工作。

ILE：允许锁存信号。

$\overline{WR1}$：写信号 1，第一级锁存信号的控制。

$\overline{WR2}$：写信号 2，第二级锁存信号的控制。

DI7～DI0：8 位数据输入端。

IOUT1：模拟电流输出端 1。当 DAC 寄存器中全为 1 时，输出电流最大；当 DAC 寄存器中全为 0 时，输出电流为 0。

IOUT2：模拟电流输出端 2。

RFB：反馈电阻引出端。DAC0832 内部已经有反馈电阻，所以，RFB 端可以直接接到外部运算放大器的输出端，相当于将反馈电阻接在运算放大器的输入端和输出端之间。

VREF：参考电压输入端，可接电压范围为 $-10～+10$ V。

VCC：芯片供电电压端，为 $+5～+15$V 的单电源。

AGND：模拟地，即模拟电路接地端。

DGND：数字地，即数字电路接地端。

3. 工作方式

（1）单缓冲方式：控制输入寄存器和 DAC 寄存器同时接收 8 位数据，或者只用输入寄存器而把 DAC 寄存器接成直通方式。此方式适用于只有一路模拟量输出或几路模拟量异步输出的情形。

（2）双缓冲方式：先使输入寄存器接收数据，再控制输入寄存器输出数据到 DAC 寄存器，即分两次锁存输入数据。此方式适用于多个 D/A 转换同步输出的情况。

（3）直通方式：数据不经两级锁存器锁存，即 $\overline{CS}$、$\overline{XFER}$、$\overline{WR1}$、$\overline{WR2}$ 均接地，ILE 接高电平。此方式适用于连续反馈控制线路和不带微机的控制系统。不过在使用时，必须通过另加 I/O 接口与 CPU 连接，以匹配 CPU 与 D/A 转换。

四、实验电路及参考程序

DAC0832 输出为电流型，故使用时，必须额外增加一个运算放大器，才能得到电压信号。图 5-24 所示为 DAC0832 与 MCS-51 单片机的接口电路（仅画出 DAC0832 部分），采用单缓冲型工作方式。图中，AD0～AD7 与单片机的 P0 口对应相接；片选端 $\overline{CS}$ 与单片机

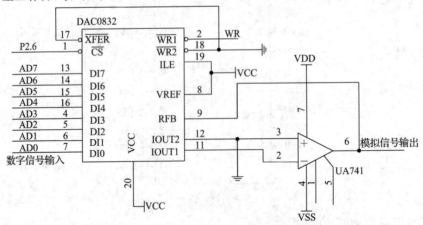

图 5-24 DAC0832 数模转换电路

的 P2.6 相连，因此 D/A 芯片的地址取为 BFFFH；$\overline{XFER}$和$\overline{WR2}$接地，一直处于使能状态，即输入数据寄存器中的数字信号可直接转换为模拟信号。

参考程序：

（1）正弦波：

```
//输出波形的周期 T＝number * 定时时间
//输出波形频率 f＝1/(number * 定时时间)
# include <reg52.h>
# include <stdio.h>
# include <absacc.h>
# include <math.h>
# include <intrins.h>
# define   fosc11.0592        //晶振频率，单位为 MHz
# define   n_constent 12      //12 度为一个点，则一个周期为 30 个点，正弦波频率为 2.5 kHz
# define   number   360/n_constent    //一个周期的点数
extern serial_initial();
# define DA0832 XBYTE[0x7fc0]
unsigned char data x[number];
void main(void)
{
        unsigned char i;
        serial_initial();
        for(i=0;i<number;i++)
        {x[i]=100 * sin(i * n_constent * 3.1415/180)+128;}
        while(1){
            for(i=0;i<number;i++)
                {
                DA0832＝x[i];
                printf("x[%bd]＝% # bX\n", i, x[i]);//仅在调试时观察 D/A 数据
                }
            }
}
```

（2）方波：

```
# include <reg52.h>
# include <stdio.h>
# include <absacc.h>
# include <math.h>
# include <intrins.h>
# define   fosc11.0592            //晶振频率，单位为 MHz
# define   n_constent   10        //10 度为一个点，则一个周期为 36 个点
# define   number   360/n_constent//一个周期的点数
```

```
extern serial_initial();
#define DA0832 XBYTE[0x7fc0]
unsigned char data x[number];
void main(void)
{
        unsigned char i;
        serial_initial();
        for (i=0;i<(number/2);i++) {x[i]=00;}
        for (i=0;i<(number/2);i++) {x[number/2+i]=0x70;}
        while(1){
                for(i=0;i<number;i++)
                {
                    DA0832=x[i];
                    printf("x[%bd]=%bd\n",i,x[i]);//仅在调试时观察 D/A 数据
                }
        }
}
```

（3）锯齿波：

```
#include <reg52.h>
#include <stdio.h>
#include <absacc.h>
#include <math.h>
#include <intrins.h>
#define   fosc11.0592          //晶振频率，单位为 MHz
#define   n_constent   10      //10 度为一个点，则一个周期为 36 个点
#define number 360/n_constent  //一个周期的点数
extern serial_initial();
#define DA0832 XBYTE[0x7fc0]
unsigned char data x[number];
void main(void)
{
        unsigned char i;
        serial_initial();
        for (i=0;i<number;i++) {x[i]=2*i;}
        while(1){
                for(i=0;i<number;i++)
                {
                    DA0832=x[i];
                    printf("x[%bd]=%bd\n",i,x[i]);//仅在调试时观察 D/A 数据
                }
        }
}
```

（4）三角波：

```
#include <reg52.h>
#include <stdio.h>
#include <absacc.h>
#include <math.h>
#include <intrins.h>
#define    fosc11.0592          //晶振频率，单位为 MHz
#define    n_constent   10       //10 度为一个点，则一个周期为 36 个点
#define number 360/n_constent    //一个周期的点数
extern serial_initial();
#define DA0832 XBYTE[0x7fc0]
unsigned char data x[number];
void main(void)
{
    unsigned char i;
    serial_initial();
    for (i=0;i<=(number/2);i++) {x[i]=2*i;}
    for (i=0;i<(number/2);i++) {x[i+number/2]=x[number/2]-2*i;}
    while(1){
        for(i=0;i<number;i++)
        {
            DA0832=x[i];
            printf("x[%bd]=%bd\n", i, x[i]);//仅在调试时观察 D/A 数据
        }
    }
}
```

五、实验方法

DAC0832 是早期的电子产品，当时的计算机时钟频率还很低，该芯片是适合当时的计算机系统的产品，如今计算机时钟频率比过去高很多，因此，实验时将片选$\overline{CS}$(1 脚)直接接地，$\overline{WR1}$(2 脚)与学习机的译码输出 7FC0 相连。

运行参考程序，分别产生正弦波、方波、锯齿波和三角波，用示波器观察波形。对于 C 语言程序，在调试时可利用"printf"通过查看"Serial ♯1"窗口屏幕实时观察输出的数据；正式程序运行时，在"printf"前加上"//"，用示波器观察转换后的波形。

注意：如发现结果不正确，可利用示波器同时观察 DAC0832 的第 1 引脚$\overline{CS}$和第 2 引脚的$\overline{WR1}$信号端。如果观察到的$\overline{CS}$、$\overline{WR1}$信号符合时序要求，为周期性的低电平脉冲信号，那么问题可能就在 DAC0832 本身或者运算放大器上。首先可以检查运算放大器的电源情况，如果没有问题，建议更换一个运放再试。有条件的情况下，可以利用集成电路测试仪对该运算放大器进行检测，以确定其是否为合格产品。还可单独构成一个反相比例放大器进行验证。如果运算放大器性能正常，再检查 DAC0832，若没有连接问题，建议替换一个新的再试试。

5.5 日历时钟

一、实验目的

了解带有 I²C 总线接口的日历时钟器件 DS1302 的工作原理，掌握其使用和编程方法。

二、实验任务

利用 DS1302 设计一个实时时钟，并在显示器上显示出预置的时分秒。

三、实验原理

在研制智能设备仪器仪表时，常常用到时钟和日历，能够实现这种功能的集成电路有好几种，都有各自的优点，DS1302 就是其中的一种。DS1302 体积小，功耗低，自带 31B RAM，遇闰年自动修正，使用简单，且不存在"千年虫"问题，因而赢得了人们的青睐。DS1302 的引脚及其功能如图 5-25 所示。

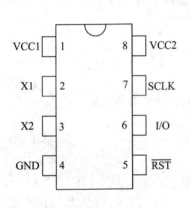

引脚	名称	功能描述	引脚	名称	功能描述
1	VCC1	电源引脚（备份电源）	5	$\overline{RST}$	复位（片选）
2	X1	32.768 kHz晶振引脚	6	I/O	数据输入/输出
3	X2	32.768 kHz晶振引脚	7	SCLK	串行时钟
4	GND	地	8	VCC2	电源引脚（主电源）

图 5-25 DS1302 的引脚及其功能

图 5-26 给出了不同寄存器进行读/写操作时对应的控制字和寄存器格式。有关日历、时钟的寄存器共有 12 个，其中有 7 个(读时 81H～8DH，写时 80H～8CH)存放的数据格式为 BCD 码形式。此外，还有年份寄存器、控制寄存器、充电寄存器、时钟突发寄存器及与 RAM 相关的寄存器等。时钟突发寄存器可一次性顺序读/写除充电寄存器外的所有寄存器的内容。小时寄存器(85H 和 84H)的位 7 用于定义 DS1302 是运行于 12 小时模式(为 1)还是 24 小时模式(为 0)。秒寄存器(81H 和 80H)的位 7 定义为时钟暂停标志(CH)。当该位为 1 时，时钟振荡器停止，DS1302 处于低功耗状态；当该位为 0 时，时钟开始运行。控制寄存器(8FH 和 8EH)的位 7 是写保护位(WP)，其他 7 位均为 0。在任何对时钟和 RAM 的写操作之前，WP 位必须为 0。当 WP 位为 1 时，写保护位用于防止对任一寄存器的写操作。

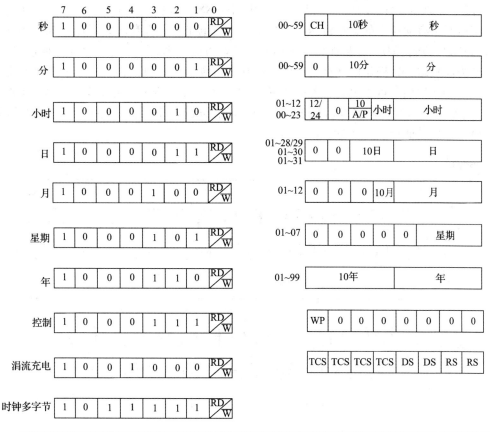

图 5 - 26　DS1302 的寄存器及其控制字

读寄存器	写寄存器	BIT 7	BIT 6	BIT 5	BIT 4	BIT 3	BIT 2	BIT 1	BIT 0	范围
81h	80h	CH	10秒			秒				00 ~ 59
83h	82h	10分				分				00 ~ 59
85h	84h	12/$\overline{24}$	0	10 AM/PM	时	时				1 ~ 12/0 ~ 23
87h	86h	0	0	10日		日				1 ~ 31
89h	88h	0	0	0	10月	月				1 ~ 12
8Bh	8Ah	0	0	0	0	0	周日			1 ~ 7
8Dh	8Ch	10年				年				00 ~ 99
8Fh	8Eh	WP	0	0	0	0	0	0	0	—

　　DS1302 采用的是 SPI 总线驱动方式，不仅需要向寄存器写入控制字，还需要读取相应寄存器的数据。DS1302 控制字（即地址和命令字节）的格式如图 5 - 27 所示。控制字节的最高有效位（位 7）必须是逻辑 1，如果它为 0，则不能把数据写入 DS1302 中，位 6 为 0，则表示存取日历时钟数据，为 1 表示存取 RAM 数据；位 5 至位 1 指示操作单元的地址；最低有效位（位 0）为 0 表示要进行写操作，为 1 表示进行读操作，控制字总是从最低位开始输出的。

7	6	5	4	3	2	1	0
1	RAM $\overline{CLK}$	A4	A3	A2	A1	A0	RD $\overline{WR}$

图 5 - 27　DS1302 控制字（即地址和命令字节）的格式

DS1302 的读/写时序如图 5-28 所示。图中，$\overline{RST}$ 是复位/片选线，通过把 $\overline{RST}$ 输入驱动置高电平来启动所有的数据传送，即当 $\overline{RST}$ 为高电平时，所有的数据传送被初始化，允许对 DS1302 进行操作，如果在传送过程中 $\overline{RST}$ 置为低电平，则会终止此次数据传送，I/O 引脚变为高阻态。预操作的寄存器对应的控制字指令由单片机发出，在控制字指令输入后的下一个 SCLK 时钟的上升沿，数据被写入 DS1302，数据的输入从最低位（0 位）开始。同样地，在紧跟 8 位的控制指令后的下一个 SCLK 脉冲的下降沿读出 DS1302 的数据，数据的读出也是从最低位到最高位。

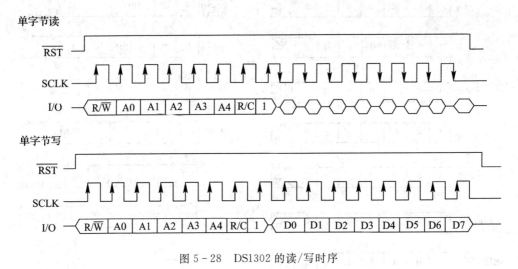

图 5-28　DS1302 的读/写时序

四、实验电路及参考程序

图 5-29 是 DS1302 在单片机应用系统中最简单的应用方法之一。图中仅使用单片机的三条 I/O 线，便可实现对 DS1302 所有功能的操作。

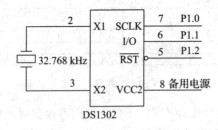

图 5-29　DS1302 与单片机接口电路

DS1302 的 C 语言参考程序如下：

```
#include <at89x52.h>
#include <stdio.h>
#include <absacc.h>
#include <intrins.h>
#define   SEGMENT   XBYTE[0x7F80]      //段码寄存器地址
#define   BIT_LED   XBYTE[0x7F90]      //位码寄存器地
#define   fosc   11.0592               //晶振频率
```

```
#define  time0   2500                              //定时 2500μs
unsigned char data display_bit，display_buffer[8]；
unsigned char data   time0_h，time0_l，TEMP；
unsigned int   idata time0_times；
unsigned char get_code(unsigned char i)；
void display(void)；
//DS1302 变量及函数定义开始
sbit SCL_DS1302 ＝P1^0；
sbit IO_DS1302   ＝P1^1；
sbit RST_DS1302 ＝P1^2；
unsigned char bdata data_ds1302；        //将该变量定义在可按位寻址的内部数据存储器中
sbit bit_data0＝data_ds1302^0；           //有了以上的定义就可以定义 bit_data0＝data_ds1302^0
sbit bit_data7＝data_ds1302^7；           //有了以上的定义就可以定义 bit_data7＝data_ds1302^7
unsigned char bdata x；
sbit x0＝x^0；
sbit x7＝x^7；
void initial_ds1302()；
unsigned char read_ds1302(char command)；
void open_write_bit()；
void close_write_bit()；
void read_time()；
void set_time()；//ds1302 变量及函数定义结束
main()
{
    BIT_LED＝0；
    TEMP＝TMOD；
    TEMP＝TEMP & 0xF0；
    TMOD＝TEMP | 0x01；            //定时/计数器 0 定时方式 1
    time0_times＝－time0 * fosc/12；
    time0_h ＝(time0_times/256 )；
    time0_l ＝(time0_times%256)；
    TH0＝time0_h；TL0＝time0_l；    //高 8 位和低 8 位时间常数
    TR0＝EA＝ET0＝1；              //启动定时器 0
    initial_ds1302()；             //上电启用，否则不走时
    display_bit＝0x01；            //从第一个数码管开始显示
    display_buffer[0]＝0x08；
    display_buffer[1]＝0x05；
    display_buffer[2]＝0x05；
    display_buffer[3]＝0x03；
    display_buffer[4]＝0x09；
    display_buffer[5]＝0x00；      //将 09 时 35 分 58 秒设置为当前时间
    set_time()；                  //将数组中的时间置入 DS1302
    do{
```

```
        read_time();                //读取当前时分秒，放在数组中
    }while(1);
}


void time0_int(void) interrupt 1    //中断服务子程序
{
    TH0=time0_h;
    TL0=time0_l;
    display()                       ;//共需 40 ms
}


unsigned char get_code(unsigned char i)
{
    unsigned char p;
    switch (i){
        case  0：    p=0x3F;break；      /*0*/
        case  1：    p=0x06;break；      /*1*/
        case  2：    p=0x5B;break；      /*2*/
        case  3：    p=0x4F;break；      /*3*/
        case  4：    p=0x66;break；      /*4*/
        case  5：    p=0x6D;break；      /*5*/
        case  6：    p=0x7D;break；      /*6*/
        case  7：    p=0x07;break；      /*7*/
        case  8：    p=0x7F;break；      /*8*/
        case  9：    p=0x67;break；      /*9*/
        case 10：    p=0x77;break；      /*A*/
        case 11：    p=0x7C;break；      /*B*/
        case 12：    p=0x39;break；      /*C*/
        case 13：    p=0x5E;break；      /*D*/
        case 14：    p=0x79;break；      /*E*/
        case 15：    p=0x71;break；      /*F*/
        default：    break；
    }
    return (p);
}


void display(void)
{
    unsigned char i;
    switch (display_bit)
    {
    case  1：i=0;break；
    case  2：i=1;break；
```

```
        case    4：i＝2；break；
        case    8：i＝3；break；
        case   16：i＝4；break；
        case   32：i＝5；break；
        case   64：i＝6；break；
        case  128：i＝7；break；
        default ：  break；
    }
    {
        BIT_LED＝0；                                    //关闭显示
        SEGMENT＝get_code(display_buffer[i])；        //送段码
        BIT_LED＝display_bit；                          //送位码
        if (display_bit＜＝64) {display_bit＝display_bit＊2；}
        else display_bit＝0x01；
    }
}


//DS1302 函数由此处开始
void close_write_bit()
{
    char i；
    SCL_DS1302＝0；
    _nop_()；
    RST_DS1302＝1；
    _nop_()；
    _nop_()；
    data_ds1302＝0x8e；          //写控制寄存器
    for (i＝1；i＜＝8；i＋＋)
    {
        SCL_DS1302＝0；
        IO_DS1302＝bit_data0；
        _nop_()；
        SCL_DS1302＝1；
        data_ds1302＝data_ds1302＞＞1；
    }
    data_ds1302＝0x80；          //关闭写保护位
    IO_DS1302＝0；
    for (i＝1；i＜＝8；i＋＋)
    {
        SCL_DS1302＝0；
        IO_DS1302＝bit_data0；
        _nop_()；
        SCL_DS1302＝1；
```

```
        data_ds1302=data_ds1302>>1;
    }
}


void open_write_bit()
{
    char i;
    SCL_DS1302=0;
    _nop_();
    RST_DS1302=1;
    _nop_();
    _nop_();
    data_ds1302=0x8e;          //写控制寄存器
    for (i=1;i<=8;i++)
    {
        SCL_DS1302=0;
        IO_DS1302=bit_data0;
        _nop_();
        SCL_DS1302=1;
        data_ds1302=data_ds1302>>1;
    }
    data_ds1302=0x00;          //打开写保护位
    IO_DS1302=0;
    for (i=1;i<=8;i++)
    {
        SCL_DS1302=0;
        IO_DS1302=bit_data0;
        _nop_();
        SCL_DS1302=1;
        data_ds1302=data_ds1302>>1;
    }
}


void initial_ds1302()
{
    unsigned char i;
    SCL_DS1302=0;
    _nop_();
    RST_DS1302=1;
    _nop_();
    _nop_();
    data_ds1302=0x8e;          //写控制寄存器
    for (i=1;i<=8;i++)
```

```
{
    SCL_DS1302=0；
    IO_DS1302=bit_data0；
    _nop_()；
    SCL_DS1302=1；
    data_ds1302=data_ds1302>>1；
}
    data_ds1302=0x00；　//关闭写保护位
    IO_DS1302=0；
    for (i=1;i<=8;i++)
{
    SCL_DS1302=0；
    IO_DS1302=bit_data0；
    _nop_()；
    SCL_DS1302=1；
    data_ds1302=data_ds1302>>1；
}
  RST_DS1302=0；
  _nop_()；
  SCL_DS1302=0；
  SCL_DS1302=0；
  _nop_()；
  RST_DS1302=1；
  _nop_()；
  _nop_()；
  data_ds1302=0x90；          //充电寄存器
  for (i=1;i<=8;i++)
{
    SCL_DS1302=0；
    IO_DS1302=bit_data0；
    _nop_()；
    SCL_DS1302=1；
    data_ds1302=data_ds1302>>1；
}
data_ds1302=0xa4；          //电池不再充电
for (i=1;i<=8;i++)
{
    SCL_DS1302=0；
    IO_DS1302=bit_data0；
    _nop_()；
    SCL_DS1302=1；
    data_ds1302=data_ds1302>>1；
}
```

```
        RST_DS1302＝0；
    _nop_()；
    SCL_DS1302＝0；
    SCL_DS1302＝0；
    _nop_()；
    RST_DS1302＝1；
    _nop_()；
    _nop_()；
    data_ds1302＝0x8e；          //原来的参数是8e，有人建议参数为80
    for (i＝1；i＜＝8；i＋＋)
    {
        SCL_DS1302＝0；
        IO_DS1302＝bit_data0；
        _nop_()；
        SCL_DS1302＝1；
        data_ds1302＝data_ds1302＞＞1；
    }
    data_ds1302＝0x80；
    for (i＝1；i＜＝8；i＋＋)
    {
        SCL_DS1302＝0；
        IO_DS1302＝bit_data0；
        _nop_()；
        SCL_DS1302＝1；
        data_ds1302＝data_ds1302＞＞1；
    }
    RST_DS1302＝0；
    _nop_()；
    SCL_DS1302＝0；
}


unsigned char read_ds1302(char command)
{
    char i；
    data_ds1302＝(command＜＜1)|0x81；
    SCL_DS1302＝0；
    _nop_()；
    RST_DS1302＝1；
    for (i＝1；i＜＝8；i＋＋)
    {
        SCL_DS1302＝0；
        IO_DS1302＝bit_data0；
        _nop_()；
```

```
        SCL_DS1302=1;
        data_ds1302=data_ds1302>>1;
    }
        SCL_DS1302=1;
    for (i=1;i<=8;i++)
    {
        data_ds1302=data_ds1302>>1;
        SCL_DS1302=0;
        _nop_();
        bit_data7=IO_DS1302;
        SCL_DS1302=1;
    }
    RST_DS1302=0;
    _nop_();
    SCL_DS1302=0;
    return(data_ds1302);
}
void write_ds1302(unsigned char address,unsigned char numb)
//写入时分秒
{
    char i;
    RST_DS1302=0;
    SCL_DS1302=0;
    RST_DS1302=0;
    RST_DS1302=1;
    data_ds1302=0x80|(address<<1);
    for (i=1;i<=8;i++)
    {
        SCL_DS1302=0;
        IO_DS1302=bit_data0;
        _nop_();
        SCL_DS1302=1;
        data_ds1302=data_ds1302>>1;
    }
    data_ds1302=numb;
    for (i=1;i<=8;i++)
    {
        SCL_DS1302=0;
        IO_DS1302=bit_data0;
        _nop_();
```

```
            SCL_DS1302=1;
            data_ds1302=data_ds1302>>1;
        }
        RST_DS1302=0;
        SCL_DS1302=1;
    }


    void read_time()                      //读时分秒
    {    unsigned char second, minute, hour, d;
        second=0;                         //读取秒地址
        d=read_ds1302(second);
        display_buffer[0]=d&0x0f;
        display_buffer[1]=d>>4;
        minute=1;                         //读取分地址
        d=read_ds1302(minute);
        display_buffer[2]=d&0x0f;
        display_buffer[3]=(d>>4);
        hour=2;                           //读取时地址
        d=read_ds1302(hour);
        display_buffer[4]=d&0x0f;
        display_buffer[5]=(d>>4);
    }


    void set_time()
    {    unsigned char data temp;
        unsigned char data hour_address, minute_address, second_address;
        hour_address=2;
        minute_address=1;
        second_address=0;
        open_write_bit();
        temp=(display_buffer[5]<<4)|display_buffer[4];
        write_ds1302(hour_address, temp);
        temp=(display_buffer[3]<<4)|display_buffer[2];
        write_ds1302(minute_address，temp);
        temp=(display_buffer[1]<<4)|display_buffer[0];
        write_ds1302(second_address，temp);
        close_write_bit();
    }
```

五、实验方法

按图 5-29 连接线路。在连机调试状态下运行程序，观察实验结果。

5.6　温　度　转　换

一、实验目的

了解带有 I^2C 总线接口的温度传感器件 DS18B20 的工作原理，掌握其使用和编程方法。

二、实验任务

利用单片 DS18B20 测量室温，并显示温度值（只取整数部分）。

三、实验原理

DS18B20 是美国 DALLAS 公司生产的单总线数字式温度传感器，转换的温度以二进制代码的形式存放在片内寄存器中，可方便地与单片微机接口，实现温度的测量。DS18B20 结构简单，不需要外接电路，可用一根数据线既供电又传输数据，可由用户设置温度报警界限，可在一根数据线上连接多片 DS18B20，方便地实现多点温度测量，因而近年来在需要测量和控制温度的场合得到了广泛的使用。

1. DS18B20 的性能特点

（1）测温范围：$-50℃ \sim +150℃$。

（3）精度：在 $-10℃ \sim +85℃$ 范围内，测温精度为 $\pm 0.5℃$。

（3）分辨率：由 $9 \sim 12$ 位（包括 1 位符号位）数据在线编程决定，出厂时设定为 12 位分辨率。

（4）温度转换时间：与设定的分辨率有关。当设定为 9 位时，最大转换时间为 93.75 ms；当设定为 10 位时，最大转换时间为 187.5 ms；当设定为 11 位时，最大转换时间为 375 ms；当设定为 12 位时，最大转换时间为 750 ms。

（5）电源电压范围：在保证转换精度为 $\pm 0.5℃$ 时，电源电压范围可为 $+3.0 \sim +5.5$ V。

（6）程序设置寄存器：用来设置分辨率位数，其各位的含义如图 5-30 所示。

TM	R1	R0	1	1	1	1	1

TM——测试模式位，为 1 表示测试模式，为 0 表示工作模式，出厂时该位设为 0，且不可改变；R1R0——与温度分辨率有关，00H 表示 9 位，01H 表示 10，10H 表示 11 位，11H 表示 12 位

图 5-30　程序设置寄存器

（7）64 位 ROM 编码：每一片 DS18B20 都有一个唯一的 ROM 编码，通过程序读出该编码，便可方便地识别、控制不同测量点处不同芯片的测温状态。从高位算起，该 ROM 有 1B 的 CRC 校验码、6B 的产品序列号和 1B 的家族代码。对 DS18B20，其家族代码为 28H。

（8）温度数据寄存器：用于存放测量所获得的温度的二进制代码。该寄存器由 2 字节组成，如图 5-31 所示。以 12 位分辨率为例，低位字节的低 4 位对应温度的小数位，高 4 位对应整数部分的低段。高位字节的低 4 位对应温度整数部分的高段和符号位 S，高 4 位

为符号的扩展位。表 5-3 给出了 DS18B20 输出的数字与温度值的对应关系。表中负数以补码形式给出。由表可见，DS18B20 输出的二进制数字除以 16 即为实际温度值。

	bit 7	bit 6	bit 5	bit 4	bit 3	bit 2	bit 1	bit 0
低字节	2^3	2^2	2^1	2^0	2^{-1}	2^{-2}	2^{-3}	2^{-4}

	bit 15	bit 14	bit 13	bit 12	bit 11	bit 10	bit 9	bit 8
高字节	S	S	S	S	S	2^6	2^5	2^4

图 5-31 数据温度寄存器

表 5-3 数字与温度值的对应关系

温度/(℃)	DS18B20	
	输出的二进制码	对应的十六进制码
+125	0000011111010000	07D0H
+25	0000000110010000	0190H
+0.5	0000000000001000	0008H
0	0000000000000000	0000H
−0.5	1111111111111000	FFF8H
−25	1111111001110000	FE70H
−55	1111110010010000	FC90H

（9）内部存储器分配：DS18B20 有一块高速暂存寄存器，见图 5-32。另外，还含有 E^2PROM，所以报警的上、下限温度值和设定的分辨率位数是可以记忆的。

图 5-32 高速暂存寄存品的存储分配

2. DS18B20 与单片机的接口和程序设计

DS18B20 的供电方式有两种：一种是寄生电源；另一种为外电源供电。其与单片机的接线方法如图 5-33 所示。

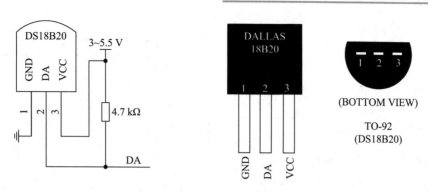

图 5-33　与 51 系列单片机的连接和实物引脚

当多个器件挂在总线上时，为了识别不同的器件，程序设计一般需要四个步骤：初始化命令，传送 ROM 命令，传送 RAM 命令，数据交换命令。

初始化是每一个器件在使用时都需进行的工作。初始化时序如图 5-34(a)所示。单片机通过拉低总线先发出 $480 \sim 960$ μs 的复位脉冲，然后释放总线并进入接收模式，此时总线上 4.7 kΩ 的上拉电阻将总线拉回高电平。当 DS18B20 检测到上升沿后，等待 $15 \sim 60$ μs，然后以拉低总线 $60 \sim 240$ μs 的方式发出应答脉冲信号，通知单片机它在总线上，并且准备好操作了。

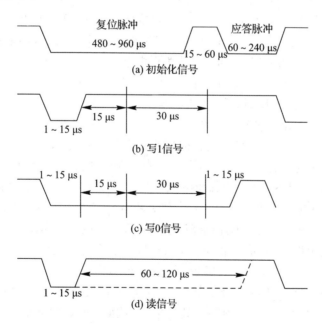

图 5-34　DS18B20 工作时序图

如果单片机检测到单总线上有器件存在，就可以发出传送 ROM 命令。传送 ROM 命令字格式如表 5-4 所示。

在上述命令之一被成功执行后就可以传送 RAM 命令。单片机发出的控制命令用于访问被选中的器件的存储单元或寄存器。表 5-5 给出了 DS18B20 的各种控制命令字格式。

DS18B20 与单片机之间的数据交换是用具体的读/写时序脉冲进行的，其读/写时序见图 5-34(b)、(c)、(d)。单片机在写时间段向 DS18B20 写入数据，在读时间段从 DS18B20

读取数据。

指令	说 明
读 ROM 命令 (33H)	读总线上 DS18B20 的序列号
匹配 ROM 命令(55H)	对总线上 DS18B20 寻址
跳过 ROM 命令(CCH)	该命令执行后,将省去每次与 ROM 有关的操作
搜索 ROM 命令(F0H)	控制机识别总线上多个器件的 ROM 编码
报警搜索命令(ECH)	控制机搜索有报警的器件

表 5-4 传送 ROM 命令字格式表

指令	说 明
温度交换命令(44H)	启动温度交换
读存储器命令(BEH)	从 DS18B20 读出 9B 数据(其中有温度值、报警值等)
写存储器命令(4EH)	写上、下限值到 DS18B20 中
复制存储器命令(48H)	将 DS18B20 存储器中的值写入 EEPROM 中
读 E²PROM 命令(B8H)	将 E²PROM 中的值写入存储器中
读供电方式命令(B4H)	检测 DS18B20 的供电方式

表 5-5 控制命令字格式

DS18B20 有写"0"和写"1"两种写模式。前者是单片机向 DS18B20 写入逻辑 0,后者则是写入逻辑 1。两种写都是通过单片机拉低总线产生的。所有的写时间片必须有最少 60 μs 的持续时间,相邻两个写时间片间必须有至少 1 μs 的恢复时间。写"1"操作(见图 5-34(b))中,单片机在拉低总线后必须在 15 μs 内释放总线,此后,总线被 4.7 kΩ 的电阻重新拉回高电平。写"0"操作(见图 5-34(c))时,在拉低总线后,单片机必须持续拉低总线至少 60 μs。在单片机产生写操作后,DS18B20 在其后的 15~60 μs 间采样单总线。如果总线为高电平,则向 DS18B20 写入"1";如果总线为低电平,则向 DS18B20 写入"0"。

DS18B20 只在单片机发出读指令后才会向单片机发送数据。在发出读存储器命令(BEH)或读供电方式命令(B4H)后,主机必须立即产生读时序以便读取 DS18B20 提供的数据。单片机还可以在发出温度转换命令(44H)或读 E²PROM 命令(B8H)后产生读时序,以便了解 DS18B20 的工作状态。所有的读时序都由单片机拉低总线,持续至少 1 μs 后再释放总线,使其恢复高电平而产生(见图 5-34(d))。在单片机产生读操作后,DS18B20 开始发送 0 或 1 到总线上。DS18B20 让总线保持高电平的方式发送 1,以拉低总线的方式表示发送 0。DS18B20 在读的末期会释放总线,使总线恢复高电平。DS18B20 输出的数据在下降沿产生 15 μs 后有效。因此,单片机释放总线和采样总线等操作需在 15 μs 内完成。所有的读时间片必须至少持续 60 μs。相邻两个读时间片必须间隔至少 1 μs。

当总线上只有一个器件时,DS18B20 读温度流程如下:

复位→发 CCH SKIP ROM 命令→发 44H 开始转换→延时→复位→发 CCH SKIP ROM 命令→发 BEH 读存储器命令→连续读出 2B 数据(即温度)→结束。

当总线上挂接多个器件时,DS18B20 读温度流程如下:

复位→发 55H MATCH ROM 命令→发 64 位地址→发 44H 开始转换命令→延时→复位→发 55H MATCH ROM 命令→发 64 位地址→发 0BE 读存储器命令→连续读出两个字节数据(即温度)→复位→读下一个器件的温度。

四、实验电路及参考程序

参照图 5-33,将 DS18B20 的 DA 引脚(2 脚)连接到单片机的 P1.0。编写程序,实现温度测量。

温度转换的 C 语言程序：

```
//将单片机的 P1.0 与 DS18B20 的 DA 端相连，读出的温度值放在 last 中
#include <reg51.h>
#include <stdio.h>
#include <intrins.h>
#include <absacc.h>
typedef unsigned char uchar;
extern serial_initial();
sbit TMDAT = P1^0;                          //TMDAT = P1^0;
void dmsec (unsigned int count);
void tmreset (void);
void tmstart (void);
unsigned char tmrtemp (void);
#define SEGMENT XBYTE[0x7F80]               //显示段码寄存器地址
#define BIT_LED XBYTE[0x7F90]               //显示位码寄存器地址
unsigned char code seg_code[]={ 0x3F, 0x06, 0x5B, 0x4F, 0x66, 0x6D, 0x7D,
                                0x07, 0x7F, 0x67, 0x77, 0x7C, 0x39, 0x5E,
                                0x79, 0x71, 0x00
                                };          //程序存储器中
void main (void)
{
    unsigned char last;
    int last_shi, last_ge;                  //温度的十位和个位
    serial_initial();
    while(1){
        dmsec(1);
        tmstart ();      // 开始转换
        dmsec(1);//当观察屏幕输出结果时可调大此值，如 1000；当显示时需调小
        last=tmrtemp();                      // read temperature
        printf("The current temperature:%bd\n", last);
        last_shi=last/10;                    //得到温度的十位
        last_ge=last%10;                     //得到温度的个位
        BIT_LED=0x20;                        //显示十位
        SEGMENT=seg_code[last_shi];
        dmsec(10);
        BIT_LED=0x10;                        //显示个位
        SEGMENT=seg_code[last_ge];
        dmsec(1);
    }
}
/* * * * * * * * * * * FUNCTION * * * * * * * * * * */
void dmsec (unsigned int count)         // 延时数毫秒，晶振频率为 11.0592 MHz
```

```
{
    unsigned int i;                    //延时 1 ms
    while (count－－)
    {
    for (i＝0;i＜125;i＋＋){}
    }
}


void tmreset (void)                    //复位
{
    unsigned int i;
    TMDAT ＝ 0;
    i ＝ 103;
    while (i＞0) i－－;                   //大约 900 μs
    TMDAT ＝ 1;
    i ＝ 4;
    while (i＞0) i－－;
}


void tmpre (void) //等待读取结果
{
    unsigned int i;
    while (TMDAT);
    while (～TMDAT);
    i ＝ 4;
    while (i＞0) i－－;
}


bit tmrbit (void)                      // 读 1 位
{
    unsigned int i;
    bit dat;
    TMDAT ＝ 0; i＋＋;
    TMDAT ＝ 1; i＋＋; i＋＋;
    dat ＝ TMDAT;
    i ＝ 8;
    while (i＞0)i－－;
    return (dat);
}


unsigned char tmrbyte (void)           //读 1 个字节
{
    unsigned char i, j, dat;
```

```
    dat = 0;
    for (i=1;i<=8;i++)
    {
        j = tmrbit ();
        dat = (j << 7) | (dat >> 1);
    }
    return (dat);
}

void tmwbyte (unsigned char dat)        //写 1 个字节
{
    unsigned int i;
    unsigned char j;
    bit testb;
    for (j=1;j<=8;j++)
    {
        testb = dat & 0x01;
        dat = dat >> 1;
        if (testb)
        {
            TMDAT = 0;                  // 写 1
            i++; i++;
            TMDAT = 1;
            i = 8;
            while (i>0) i--;
        }
        else
        {
            TMDAT = 0;                  //写 0
            i = 8;
            while (i>0) i--;
            TMDAT = 1;
            i++; i++;
        }
    }
}

void tmstart (void)                     //启动温度转换
{
    tmreset ();
    tmpre ();
    dmsec (1);
    tmwbyte (0xcc);                     //跳过 ROM 命令
```

```
        tmwbyte (0x44) ;                    //启动温度转换
    }

    unsigned char tmrtemp (void)            //读温度值
    {
        unsigned char a，b，y1，y2，y3；
        tmreset () ；
        tmpre () ；
        dmsec (1) ；
        tmwbyte (0xcc) ；                    //跳过 ROM 命令
        tmwbyte (0xbe) ；                    //启动温度转换
        a = tmrbyte () ；                    //最低位
        b = tmrbyte () ；                    //最高位
        y1=a>>4；
        y2=b<<4；
        y3=y1 | y2；
        return(y3)；
    }
```

五、实验方法

连接线路，在连机调试状态下运行程序，观察实验结果。

对于 C 语言程序，除了可以在数码管上观察温度外，还可以通过"Serial ♯1"窗口的屏幕输出观察温度。但对于不同的观察方式，需调整延时时间(C 语言程序中有说明)。

5.7　键盘显示控制器

一、实验目的

了解键盘显示控制器 7289A 的工作原理，掌握其使用和编程方法。

二、实验任务

等待键盘输入，将所读到的键盘码转换成十进制后由 7289A 送数码管显示，同时将前面的显示内容左移，并使当前的按键值闪烁。

三、实验原理

数码管和按键是单片机系统中最经常使用的人机交互手段，所以很多芯片生产厂商纷纷推出这两种功能合二为一的控制芯片，其特点是只消耗很少一部分单片机的 I/O 资源。由于芯片上面集成了控制数码管和键盘的功能电路，因而简化了电子工程师的设计任务。

1. 7289A 的性能特点

7289A 是具有 SPI 串行接口功能，可同时驱动 8 位共阴极数码管或 64 只独立 LED 的智能显示驱动芯片。该芯片同时可连接多达 64 键的键盘矩阵,单片即可完成 LED 显示、键盘接口的全部功能。

7289A 内部含有译码器,可直接接收 BCD 码或十六进制码,并同时具有两种译码方式。此外还具有多种控制指令,如消隐、闪烁、左移、右移、段寻址等。其串行接口无需外围元件可直接驱动 LED,64 键键盘控制器内含去抖动电路。7289A 具有片选信号,可方便地实现多于 8 位的显示或多于 64 键的键盘接口功能。

7289A 的引脚如图 5-35 所示,各引脚的功能如下(括号内的数字为引脚号):

VCC(2):+5V 电源。

NC(5):悬空。

GND(4):接地。

$\overline{CS}$(6):片选输入端,此引脚为低电平时可向芯片发送指令及读取键盘数据。

CLK(7):同步时钟输入端,向芯片发送数据及读取键盘数据时此引脚电平上升沿表示数据有效。

DIO(8):串行数据输入/输出端。当芯片接收指令时此引脚为输入端;当读取键盘数据时此引脚在读指令最后一个时钟的下降沿变为输出端。

$\overline{KEY}$(9):按键有效输出端,平时为高电平。当检测到有效按键时,此引脚变为低电平。

SG~SA(10~16):段 g~a 驱动输出。

DP(17):小数点驱动输出。

DIG0~DIG7(18~25):共阴极数码管的驱动输出。

OSC2(26):振荡器输出端。

OSC1(27):振荡器输入端。

$\overline{RST}$(28):复位端。

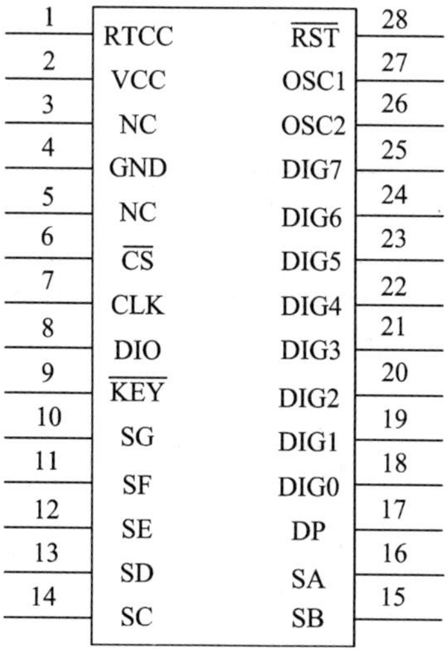

图 5-35 7289A 的引脚图

2. 7289A 控制指令

7289A 的控制指令分为两大类:纯指令和带有数据的指令。以下各指令属于纯指令。

（1）复位清除指令（A4H）：

D7	D6	D5	D4	D3	D2	D1	D0
1	0	1	0	0	1	0	0

当 7289A 收到该指令后将所有的显示清除，所有设置的字符消隐闪烁等属性也被一起清除。执行该指令后，芯片所处的状态与系统上电后所处的状态一样。

（2）测试指令（BFH）：

D7	D6	D5	D4	D3	D2	D1	D0
1	0	1	1	1	1	1	1

该指令使所有的 LED 全部点亮并处于闪烁状态，主要用于测试。

（3）左移指令（A1H）：

D7	D6	D5	D4	D3	D2	D1	D0
1	0	1	0	0	0	0	1

使所有的显示自右向左（从第 1 位向第 8 位）移动一位（包括处于消隐状态的显示位），但对各位所设置的消隐及闪烁属性不变。移动后最右边一位为空（无显示）。例如，原来显示：

1	2	3	4	5	6	7	8

其中，第 2 位"2"和第 4 位"4"为闪烁显示，执行左移指令后显示变为

	2	3	4	5	6	7	8

第 2 位"3"和第 4 位"5"为闪烁显示。

（4）右移指令（A0H）：

D7	D6	D5	D4	D3	D2	D1	D0
1	0	1	0	0	0	0	0

与左移指令类似，自左向右（从第 8 位向第 1 位）移动，移动后最左边一位为空。

（5）循环左移指令（A3H）：

D7	D6	D5	D4	D3	D2	D1	D0
1	0	1	0	0	0	1	1

与左移指令类似，不同之处在于移动后原最左边一位（第 8 位）的内容显示于最右位（第 1 位）。在上例中执行完循环左移指令后的显示为

2	3	4	5	6	7	8	1

第 2 位"3"和第 4 位"5"为闪烁显示。

（6）循环右移指令（A2H）：

D7	D6	D5	D4	D3	D2	D1	D0
1	0	1	0	0	0	1	0

与循环左移指令类似，移动方向相反。

以下各指令属于带有数据的指令。

（1）下载数据且按方式 0 译码：

第一字节（80H～87H）：

D7	D6	D5	D4	D3	D2	D1	D0
1	0	0	0	0	a2	a1	a0

第二字节（00H～0FH 或者 80H～8FH）

D7	D6	D5	D4	D3	D2	D1	D0
DP	x	x	x	d3	d2	d1	d0

其中，"x"为无关位。

该指令由两个字节构成：前半部分为指令，其中 a2、a1、a0 为位地址，具体分配如表 5－6 所示；d0～d3 为数据，收到此指令时 7289A 按表 5－7 所示规则（译码方式 0）进行译码。

表 5－6　位地址分配

a2	a1	a0	显示位
0	0	0	0
0	0	1	1
0	1	0	2
0	1	1	3
1	0	0	4
1	0	1	5
1	1	0	6
1	1	1	7

表 5－7　按方式 0 译码

d3～d0	d3	d2	d1	d0	7 段显示
00H	0	0	0	0	0
01H	0	0	0	1	1
02H	0	0	1	0	2
03H	0	0	1	1	3
04H	0	1	0	0	4
05H	0	1	0	1	5
06H	0	1	1	0	6
07H	0	1	1	1	7
08H	1	0	0	0	8
09H	1	0	0	1	9
0AH	1	0	1	0	—
0BH	1	0	1	1	E
0CH	1	1	0	0	H
0DH	1	1	0	1	L
0EH	1	1	1	0	P
0FH	1	1	1	1	无显示

（2）下载数据且按方式 1 译码（见表 5 - 8）：

第一字节（C8H～CFH）：

D7	D6	D5	D4	D3	D2	D1	D0
1	1	0	0	1	a2	a1	a0

第二字节（00H～0FH 或者 80H～8FH）：

D7	D6	D5	D4	D3	D2	D1	D0
DP	x	x	x	d3	d2	d1	d0

其中，"x"为无关位。

此指令与上一条指令基本相同，所不同的是译码方式，该指令的译码按表 5 - 8 所示规则进行。

表 5 - 8　按方式 1 译码

d3～d0	d3	d2	d1	d0	7 段显示
00H	0	0	0	0	0
01H	0	0	0	1	1
02H	0	0	1	0	2
03H	0	0	1	1	3
04H	0	1	0	0	4
05H	0	1	0	1	5
06H	0	1	1	0	6
07H	0	1	1	1	7
08H	1	0	0	0	8
09H	1	0	0	1	9
0AH	1	0	1	0	A
0BH	1	0	1	1	B
0CH	1	1	0	0	C
0DH	1	1	0	1	D
0EH	1	1	1	0	E
0FH	1	1	1	1	F

（3）下载数据但不译码：

第一字节（90H～97H）：

D7	D6	D5	D4	D3	D2	D1	D0
1	0	0	1	0	a2	a1	a0

第二字节(段码的设置,不同字符对应的段码不同):

D7	D6	D5	D4	D3	D2	D1	D0
DP	A	B	C	D	E	F	G

其中,a2、a1、a0 为位地址(参数见下载数据且译码指令);A~G 和 DP 为显示数据,分别对应 7 段 LED 数码管的各段。当相应的位为"1"时,该段点亮。

(4) 闪烁控制:

第一字节(88H):

D7	D6	D5	D4	D3	D2	D1	D0
1	0	0	0	1	0	0	0

第二字节(与闪烁的位置、位数有关):

D7	D6	D5	D4	D3	D2	D1	D0
d8	d7	d6	d5	d4	d3	d2	d1

此命令控制各个数码管的消隐属性。d1~d8 分别对应数码管 1~8,为 0 表示闪烁,为 1 表示不闪烁。开机后缺省的状态为各位均不闪烁。

(5) 消隐控制:

第一字节(98H):

D7	D6	D5	D4	D3	D2	D1	D0
1	0	0	1	1	0	0	0

第二字节(与显示的位置、位数相关):

D7	D6	D5	D4	D3	D2	D1	D0
d8	d7	d6	d5	d4	d3	d2	d1

此命令控制各个数码管的消隐属性。d1~d8 分别对应数码管 1~8,为 1 表示显示,为 0 表示消隐。当某一位被赋予了消隐属性后,7289A 在扫描时将跳过该位。在这种情况下,无论对该位写入何值均不会被显示。但写入的值将被保留,在将该位重新设为显示状态后,最后一次写入的数据将被显示出来。当无需用到全部 8 个数码管显示时,将不用的位设为消隐属性,可以提高显示的亮度。

注意:至少应有一位保持显示状态,如果消隐控制指令中 d1~d8 全部为 0,则该指令将不被接受,7289A 保持原来的消隐状态不变。

（6）段点亮指令：

第一字节（E0H）：

D7	D6	D5	D4	D3	D2	D1	D0
1	1	1	0	0	0	0	0

第二字节（00H～3FH）：

D7	D6	D5	D4	D3	D2	D1	D0
x	x	d6	d5	d4	d3	d2	d1

此为段寻址指令，作用为点亮数码管中某一指定的段，或 LED 矩阵中某一指定的 LED。指令中，x 表示无影响；d1～d6 段地址范围为 00H～3FH，具体分配为：第 1 个数码管的 G 段地址为 00H，F 段为 01H，…，A 段为 06H，小数点 DP 为 07H，第 2 个数码管的 G 段为 08H，F 段为 09H，…，依此类推，直至第 8 个数码管的小数点 DP 地址为 3FH。

（7）段关闭指令：

第一字节（C0H）：

D7	D6	D5	D4	D3	D2	D1	D0
1	1	0	0	0	0	0	0

第二字节（00H～3FH）：

D7	D6	D5	D4	D3	D2	D1	D0
x	x	d6	d5	d4	d3	d2	d1

此为段寻址指令，作用为关闭（熄灭）数码管中的某一段，其指令结构与段点亮指令相同。"x"表示无关位。

（8）读键盘指令：

第一字节（15H）：

D7	D6	D5	D4	D3	D2	D1	D0
0	0	0	1	0	1	0	1

第二字节（该字节读回的键值，范围为 00H～3FH）：

D7	D6	D5	D4	D3	D2	D1	D0
d8	d7	d6	d5	d4	d3	d2	d1

该指令用于从 7289A 读出当前的按键代码。与其他指令不同，此命令的前一个字节 00010101B 为单片机传送到 7289A 的指令，而后一个字节 d1～d8 则为 7289A 返回的按键代码，其范围是 0～3FH（无键按下时为 0xff）。

在此指令执行的前半段，7289A 的 DIO 引脚处于高阻输入状态，以接收来自微处理器的指令；在指令执行的后半段，DIO 引脚从输入状态转为输出状态，输出键盘代码的值。

故微处理器连接到 DIO 引脚的 I/O 口应有一从输出态到输入态的转换过程。

当 7289A 检测到有效的按键时，KEY引脚从高电平变为低电平，并一直保持到按键结束。在此期间，如果 7289A 接收到"读键盘数据指令"，则输出当前按键的键盘代码；如果在收到"读键盘指令"时没有有效按键，则 7289A 将输出 FFH(11111111B)。

3. SPI 串行口

7289A 采用串行方式与微处理器进行通信，串行数据从 DIO 引脚送入芯片，并由 CLK 端同步。当片选信号变为低电平后，DIO 引脚上的数据在 CLK 引脚的上升沿被写入 7289A 的缓冲寄存器。根据 7289A 指令结构的类型可知，不带数据的纯指令，其宽度为 8 位，即微处理器需发送 8 个 CLK 脉冲；带有数据的指令，其宽度为 16 位，即微处理器需发送 16 个 CLK 脉冲；读取键盘数据指令，其宽度为 16 位，前 8 位为微处理器发送到 7289A 的指令，后 8 位为 7289A 返回的键盘代码。执行此指令时，7289A 的 DIO 端在第 9 个 CLK 脉冲的上升沿变为输出状态，并与第 16 个脉冲的下降沿恢复为输入状态，等待接收下一个指令。串行接口的时序如图 5 - 36 所示。

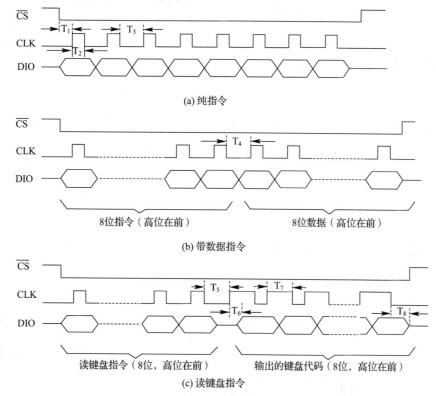

图 5 - 36　7289A 时序图

4. 设计实例

7289A 的典型应用如图 5 - 37 所示。7289A 应连接共阴极数码管，应用中无需用到的数码管和键盘可以不连接。如果不用键盘，则典型电路中连接到键盘的电阻 R1～R8 可以省去；如果只使用了部分键盘，则对应的电阻必须使用，不能省去。无论在哪种情况下，图 5 - 37 中的下拉电阻 R11～R18 和串入 DP 及 SA～SG 连线的电阻 R21～R28 均不能省略。

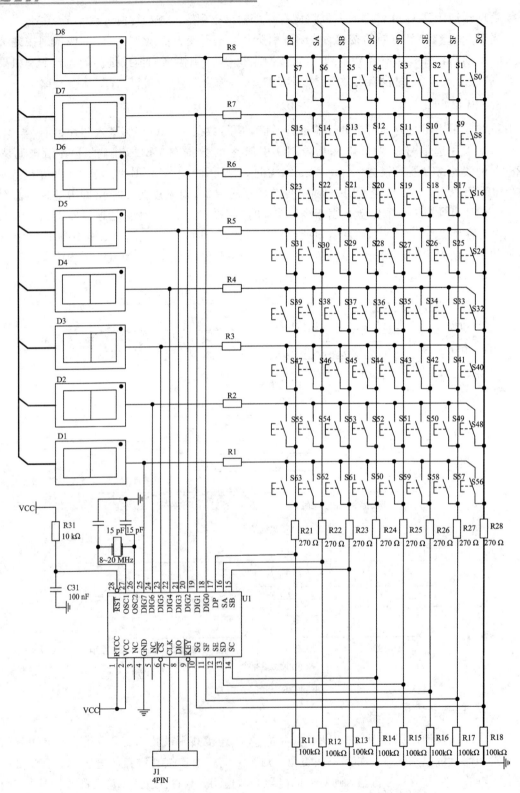

图 5 - 37　7289A 的典型应用

实际应用中，8 只下拉电阻和 8 只键盘连接位选线 DIG0～DIG7 的 8 只电阻（位选电阻）应遵从一定的比例关系，下拉电阻应大于位选电阻的 5 倍而小于其 50 倍，典型值为 10 倍。下拉电阻的取值范围是 10～100 kΩ，位选电阻的取值范围是 1～10 kΩ。在不影响显示的前提下，下拉电阻应尽可能取较小的值，这样可以提高键盘部分的抗干扰能力。

因为采用循环扫描的工作方式，所以如果采用普通的数码管，则亮度有可能不够，采用高亮或超高亮的型号可以解决这个问题。数码管的尺寸也不宜选得过大，一般字符高度不超过 1 英寸（注：1 英寸≈2.54 厘米），如使用大型的数码管，则应使用适当的驱动电路。

7289A 需要外接晶体振荡电路，其典型值分别为 f＝16 MHz，C＝15 pF。如果芯片无法正常工作，应首先检查此振荡电路。在印制电路板上布线时，所有元件，尤其是振荡电路的元件应尽量靠近 7289A，并尽量使电路连线最短。

7289A 的 $\overline{\text{RST}}$ 复位端在一般应用情况下可以直接和 VCC 相连，在需要较高可靠性的情况下可以连接外部复位电路，或直接由 MCU 控制，在上电或 $\overline{\text{RST}}$ 端由低电平变为高电平后，7289A 大约要经过 18～25 ms 的时间才会进入正常工作状态。

上电后，所有的显示均为空，所有显示位的显示属性均为"显示"及"不闪烁"。当有键按下时，$\overline{\text{KEY}}$ 引脚输出低电平，此时如果接收到"读键盘"指令，则 7289A 将输出所按下键的代码。如果在没有按键的情况下收到"读键盘"指令，则 7289A 将输出 0FFH(255)。

程序中，尽可能地减少 CPU 对 7289A 的访问次数，可以使得程序更有效率。

因为芯片直接驱动 LED 数码管显示，电流较大，且为动态扫描方式，所以如果该部分电路电源连线较细较长，则可能会引入较大的电源噪声干扰，此时在电源的正负极并入一个 47～220 μF 的电容可以提高电路抗干扰的能力。

注意：如果有 2 个键同时按下，则 7289A 将只能给出其中一个键的代码，因此 7289A 不适于应用在需要 2 个或 2 个以上键同时按下的场合。

四、实验电路及参考程序

本实验程序所完成的功能为等待键盘输入，在将所读到的键值转换成十进制后，送回 7289A 显示，同时将前面的显示内容左移，并使当前按键值闪烁。AT89C52 所用时钟频率为 11.0592 MHz，程序编译通过并经过验证。程序中延时时间以 7289A 外接 11.0592 MHz 晶体振荡器为准。

7289A 的 C 语言程序：

```
#include <reg52.h>
#define uchar unsigned char
sbit    CS＝P1^0;
sbit    CLK＝P1^1;
sbit    DIO＝P1^2;
sbit    KEY＝P1^3;
uchar   rebuf, sebuf, a, b, c;
bdata   uchar com_data;
sbit    mos_bit＝com_data^7;
sbit    low_bit＝com_data^0;
void    delay_50us()              //延时 50 μs
```

```
{
    uchar    i;
    for(i=0;i<6;i++){;}
}
void delay_8us()                        //延时 8 μs
{
    uchar    i;
    for(i=0;i<1;i++){;}
}
void send(uchar sebuf)                  //发送
{
    uchar i;
    CS=0;                               //7289A 有效
    delay_50us();
    for(i=0;i<8;i++)
    {
      com_data=sebuf;
      sebuf=com_data<<1;
      DIO=mos_bit;
      CLK=1;
      delay_8us();
      CLK=0;
      delay_8us();
    }
    DIO=0;
}
void receive()                          //接收
{
    uchar i;
    DIO=1;                              //P1.2 为输入方式
    delay_50us();
    for(i=0;i<8;i++)
    {
      CLK=1;                            //输出同步脉冲
      delay_8us();
      low_bit=DIO;                      //输出键盘代码
      com_data=com_data<<1;
      rebuf=com_data;
      CLK=0;
```

```
        delay_8us();
    }
    DIO=0;
    CS=1;
}


main()
{
    sebuf=0xbf;                         //测试指令
    send(sebuf);
    delay_50us();
    CS=1;
    send(0xa4);                         //清除命令
    delay_50us();
    CS=1;                               //7289A 无效
    while(1)
    {
    while(KEY);                         //等待按键
    {
        send(0x15);                     //读取键值的控制指令
        delay_50us();
        receive();                      //接收键值函数
        delay_50us();
        CS=1;
        rebuf=rebuf>>1;
        c=rebuf;
        a=rebuf/10;                     //转换为十进制
        rebuf=c;
        b=rebuf%10;
        send(0xa1);                     //左移 1 次
        delay_50us();
        CS=1;
        send(0xa1);                     //左移 1 次
        delay_50us();
        CS=1;
        send(0x81);                     //第 1 号数码管
        delay_50us();
        send(a);                        //显示十位
        delay_50us();
        CS=1;
        send(0x80);                     //第 0 号数码管
        delay_50us();
        send(b);                        //显示个位数
```

```
        delay_50us();
        CS=1;                          //键值闪烁
        send(0x88);
        delay_50us();
        send(0x00);
        CS=1;
        send(0x88);                    //取消闪烁
        delay_50us();
        send(0xfc);
        CS=1;
        }
        while(! KEY);
        KEY=1;
        }
    }
```

五、实验方法

本实验板所接按键对应图 5-37 中键值为 48~63 的 16 个按键。

7289A 外围引脚除$\overline{CS}$、CLK、DIO、$\overline{KEY}$、VCC 和 GND 外,其余都已在线路板上连接。因此,只要将$\overline{CS}$、CLK、DIO、$\overline{KEY}$端分别与单片机的 P1.0、P1.1、P1.2、P1.3 相连,并接好电源(+5V)和地线即可。线路接好后,请运行参考程序,观察实验结果。

5.8 IC 卡

一、实验目的

了解 IC 卡 24C01 的工作原理,掌握其使用和编程方法。

二、实验任务

将数据存入 IC 卡,然后读出并显示。

三、实验原理

在日常生活中,IC 卡的使用越来越广泛,而且还有进一步扩大的趋势,因此有必要掌握这方面的知识。

24C01/02/04/08/16 是具有 1K/2K/4K/8K/16K 位串行 CMOS E^2PROM 的 IC 卡,内部含有 128/256/512/1024/2048 个 8 位数据,支持 I^2C 总线数据传输协议。任何将数据传送到总线的器件为发送器,任何从总线接收数据的器件为接收器。数据传送是由产生串行时钟和所有起始停止信号的主器件控制的。主器件和从器件均可以作为发送器或接收器。

以 24C01 为例,其引脚主要包括串行时钟 SCL,串行数据/地址 SDA,写保护 WP 以及器件地址输入端 A0、A1、A2。SCL 是一个输入引脚,用于产生器件所有数据发送或接收的时钟。SDA 是双向串行数据/地址引脚，用于器件所有数据的发送或接收。SDA 是一个开漏输出引脚，可与其他开漏输出或集电极开路输出引脚进行线或（Wire - OR）。A0、A1、A2 用于多个器件级联时设置器件地址，因此，总线上最大可级联 8 个这样的器件。对于 24C01，如果只挂接一个，则 A0、A1、A2 必须连接到 VSS；对于其他型号，如果只接单片，则 A0、A1、A2 可悬空（默认值为 0）或连接到 VSS。WP 引脚连接到 VCC 时，所有内容被写保护（只能读）。当 WP 悬空或接 VSS 时，允许器件进行正常的读/写操作。

I²C 总线协议规定：

① 只有在总线空闲时才允许启动数据传送。

② 在数据传送过程中，当时钟线为高电平时，数据线必须保持稳定状态，否则，数据线的任何电平变化将被认为是总线的起始或停止信号，如图 5 - 38 所示。在时钟线保持高电平期间，数据线电平从高到低的跳变为 I²C 总线的起始信号，反之，数据线电平从低到高的跳变为 I²C 总线的停止信号。

SDA

SCL

START   STOP

图 5 - 38 起始和停止信号

24C01 器件寻址的过程主要分为以下几步：

① 主器件通过发送一个起始信号启动发送过程。

② 主器件发送其所要寻址的从器件的地址，8 位从器件地址的高 4 位固定为 1010（见图 5 - 39），接着的 3 位（A2、A1、A0）为器件的地址位，用于定义哪个器件以及器件的哪个部分被主器件访问，最低 1 位为读/写控制位，"1"表示读操作，"0"表示写操作。

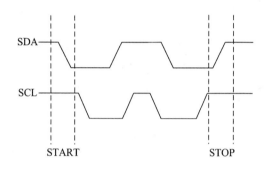

1K/2K	1	0	1	0	A2	A1	A0	R/$\overline{W}$
	MSD							LSB
4K	1	0	1	0	A2	A1	P0	R/$\overline{W}$
8K	1	0	1	0	A2	P1	P0	R/$\overline{W}$
16K	1	0	1	0	P2	P1	P0	R/$\overline{W}$

图 5 - 39 不同容量器件的地址码

③ 当某片从器件地址与主器件发送的从地址一致时，该片从器件将通过 SDA 线发送一个应答信号。

④ 24C01 根据读/写控制位的状态进行读或写操作。

I²C 总线传输数据时，每成功传送一个字节的数据后，接收器都要产生一个应答信号。应答的器件在第 9 个时钟周期将 SDA 线拉低，表示其已收到一个 8bit 数据。因此，从 24C01 在接收到起始信号和从器件地址后响应一个应答信号，如果器件已选择了写操作，则在每接收一个 8bit 数据后响应一个应答信号。若工作于读模式，则从 24C01 在发送一个 8bit 数据后释放 SDA 线并监视一个应答信号，一旦接收到应答信号，从 24C01 就继续发送数据，若主器件没有发送应答，则从器件停止传送数据且等待一个停止信号。应答 (ACKNOWLEDGE)时序如图 5－40 所示。

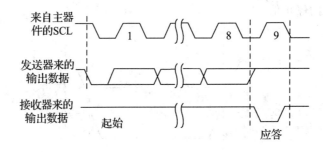

图 5－40　应答时序图

写操作分为字节写和页写两种模式。在字节写模式(见图 5－41)下，主器件给从器件发送起始命令和从器件的地址信息($R/\overline{W}$ 位为 0)。从器件产生应答信号后，主器件发送 24C01 的字节地址，主器件再次收到从器件的应答信号后，再发送数据到被寻址的存储单元。从 24C01 再次应答，并在主器件产生停止信号后开始内部数据的擦写，不再应答主器件的任何请求。

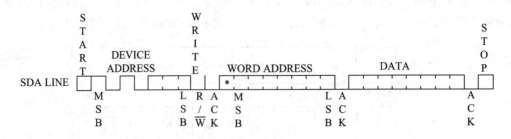

图 5－41　字节写模式

在页写模式(见图 5－42)下，24C01 可一次写入 8bit 的数据。不同于字节写，页写时，在传送了 1bit 数据后并不产生停止信号。主器件被允许发送多个字节。每发送 1bit 数据后从 24C01 产生一个应答位并将字节地址低位加 1，高位保持不变。在接收完数据和主器件发送的停止信号后，从 24C01 启动内部写周期将数据写到数据区。

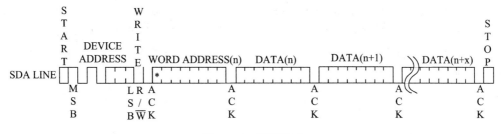

图 5-42　页写模式

24C01 读操作时需要把 R/$\overline{\text{W}}$ 位置"1"，其他的初始化过程和写操作模式类似。读操作分为立即地址读、选择读和连续读三种模式。对于立即地址读模式（见图 5-43(a)），由于 24C01 的地址计数器内容为最后操作字节的地址加 1，因此，如果上次读/写的操作地址为 N，则立即读的地址从 N+1 开始。读操作时，在接收到地址信号后，从器件首先发送应答信号，然后发送一个 8bit 数据。主器件不需发送应答信号，但要产生一个停止信号。

选择读模式（见图 5-43(b)）允许主器件对寄存器的任意字节进行读操作。主器件首先通过发送起始信号、从器件地址和预读取的字节数据的地址执行一个伪写操作。在 24C01 应答后，主器件重新发送起始信号和从器件地址，此时 R/$\overline{\text{W}}$ 位置"1"，在 24C01 响应并发送应答信号后，输出所要求的一个 8 bit 数据，主器件不发送应答信号，但要产生一个停止信号。

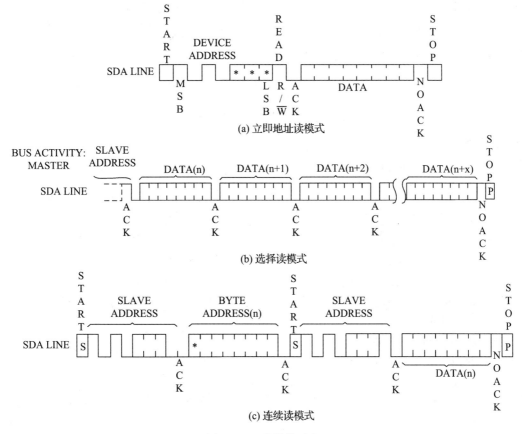

(a) 立即地址读模式

(b) 选择读模式

(c) 连续读模式

图 5-43　读操作时序

连续读(见图 5-43(c))可通过前两种读模式操作启动。在 24C01 发送完一个 8 bit 数据后，主器件产生一个应答信号来响应，告知主器件要求更多的数据，对应每个主机产生的应答信号 24C01 将发送一个 8 bit 数据。当主器件不发送应答信号而发送停止信号时，结束读操作。

四、实验电路及参考程序

图 5-44(a)是 24C01 卡的引脚。当 IC 卡座无卡时，第 9 和 10 引脚不通；插入 IC 卡后，两个引脚导通。因此，在使用中如果按图 5-44(b)，将 9 脚接 VCC，而 1 脚与 10 脚连接，那么只有当卡插入后，芯片才上电，否则芯片不工作。利用此特点可以判断卡是否插入。

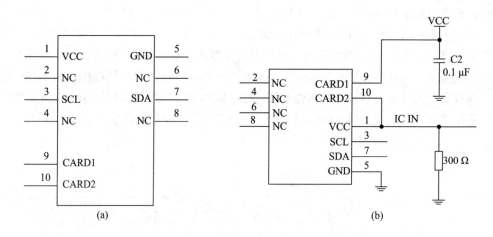

图 5-44　24C01 卡的引脚及其与电源的连接

参考程序：

```
#include <reg52.h>
#include <stdio.h>
#include <intrins.h>
#include <absacc.h>
extern serial_initial();
sbit SCL_IC_CARD=P1^3;                    //SCL 引脚对应学习机上模块 14 插孔的 3 脚
sbit SDA_IC_CARD=P1^4;                    //SDA 引脚对应插孔的 6 脚
unsigned char (*r)();    //函数型指针，用于调用监控程序中的显示程序
bdata char com_data;
sbit mos_bit=com_data^7;
sbit low_bit=com_data^0;
unsigned char data display_buffer[3] _at_ 0x40;
//unsigned char data display_buffer[3]={0x50,0xFA,0x77};//赋值预存入的数据
unsigned char data b_buffer[3] _at_ 0x50;
unsigned char idata a_buffer[6] _at_ 0x0C5;
void delay(int n);
```

```
unsigned char rd_24c01(char a);
void wr_24c01(char a，char b);

main()
{
    unsigned char i;
    serial_initial();
    printf("\n");
    for (i=0;i<=2;i++)
    {
        wr_24c01(i, display_buffer[i]);   //写入新数据
        delay(250);
    }
    printf("\nReaded the data：");
    for (i=0;i<=2;i++)
    {   b_buffer[i]=rd_24c01(i);//读回已经写入的数据
        printf("%bX", b_buffer[i]);
        delay(250);
    }
    while(1){
        for (i=0;i<=2;i++)
        {
        a_buffer[2*i]=(b_buffer[i]&0xf0)>>4;
        a_buffer[2*i+1]=b_buffer[i]&0x0f;
        }
        r=0x13c1;                         //监控程序中显示程序的入口地址
        (*r)();                           //调用数码管显示程序
    }
}


void start()                             //启动读/写时序
{
    SDA_IC_CARD=1;
    SCL_IC_CARD=1;
    SDA_IC_CARD=0;
    SCL_IC_CARD=0;
}
void stop()                              //停止操作
{
    SDA_IC_CARD=0;
    SCL_IC_CARD=1;
    SDA_IC_CARD=1;
```

```
    }
    void ack()                              //应答函数
    {
        SCL_IC_CARD=1;
        SCL_IC_CARD=0;
    }
    void shift8(char a)                     //8 位移位输出
    {
        data unsigned char i;
        com_data=a;
        for(i=0;i<8;i++)
        {
            SDA_IC_CARD=mos_bit;
            SCL_IC_CARD=1;
            SCL_IC_CARD=0;
            com_data=com_data*2;
        }
    }


    unsigned char rd_24c01(char a)          //读 IC 卡函数
    {   data unsigned char i, command;
        SDA_IC_CARD=1;
        SCL_IC_CARD=0;
        start();                            //发送启动命令
        command=0xA0;                       //设置器件地址
        shift8(command);                    //发送器件地址
        ack();                              //接收应答信号
        shift8(a);                          //发送要访问的字节地址
        ack();                              //接收应答信号
        start();                            //重发启动命令
        command=0xA1;
        shift8(command);                    //主器件重发从器件地址并置 R/W̄ 位为"1"
        ack();                              //接收应答信号
        SDA_IC_CARD=1;
        for(i=0;i<8;i++)                    //循环 8 次读取从器件发来的 1 字节数据
        {   com_data=com_data*2;
            SCL_IC_CARD=1;
            low_bit=SDA_IC_CARD;
            SCL_IC_CARD=0;
        }
        stop();                             //产生停止信号
        return(com_data);                   //返回读取的数据
```

```
            }

        void wr_24c01(char a, char b)              //写 IC 卡函数
        {
            data unsigned char command;
            _nop_();
            SDA_IC_CARD=1;
            SCL_IC_CARD=0;
            start();                                //发送启动命令
            command=0xA0;                           //设置器件地址
            shift8(command);                        //发送器件地址
            ack();                                  //接收应答信号
            shift8(a);                              //发送要访问的字节地址
            ack();                                  //接收应答信号
            shift8(b);                              //发送要写入的数据
            ack();                                  //接收应答信号
            stop();                                 //产生停止信号
            _nop_();
        }

        void delay(int n)                          //延时函数
        {    int i;
            for (i=1;i<=n;i++){;}
        }
```

说明：本程序使用了 JXMON51 监控程序中的 INDECAT 子程序，入口地址为 13C1H。调用该程序可将 RAM 显示缓冲区 C5H～CAH 中的内容依次显示在学习机第 4 模块的 6 个数码管上。

五、实验方法

学习机上 IC 卡的卡座在右侧，具体位置为图 2-1 中的第 14 模块。卡座旁有 8 列引脚插孔，请根据图 2-13 将插孔 6 接单片机的 P1.4，插孔 3 接 P1.3，插孔 1 接电源，插孔 5 接地。

输入并下载参考程序。当程序指针 PC 的黄色箭头出现(如未出现，请参阅 4.1 节的实验方法处理)后，设置(40H)=50H，(41H)=FAH，(42H)=77H，或者将程序中"赋值预存入的数据"指令前的"//"去掉。插入 IC 卡，运行程序将其中的数据存储在 IC 卡中并显示。还可以通过"Serial ♯1"窗口的屏幕显示存入 IC 卡中的数据。

5.9 语 音 芯 片

一、实验目的

了解语音芯片 ISD1700 的工作原理，掌握其使用和编程方法。

二、实验任务

采用两种模式实现语音的录入和播放。

三、实验原理

ISD1700 系列芯片是 Winbond 推出的单片优质语音录放电路，包括 ISD1730、ISD1740、ISD1750、ISD1760、ISD1790、ISD17120、ISD17150、ISD17180、ISD17210、ISD17240 等。在之前语音系列芯片的基础上，该芯片提供了多项新功能，包括内置专利的多信息管理系统、新信息提示、双运作模式(独立 & 嵌入式)以及可定制的信息操作指示音效。芯片内部包含自动增益控制、麦克风前置扩大器、扬声器驱动线路、振荡器与内存等全方位整合系统功能。该芯片还具备微控制器所需的控制接口，通过编程能够实现复杂的信息处理功能，如信息的组合、连接、设定固定的信息段和信息管理等。

1. 功能特点

(1) 可录、放音十万次，存储内容可以断电保留一百年。

(2) 有按键模式和 MCU 串行控制模式(SPI 协议)。

(3) 有 MIC 和 ANAIN 两种录音模式。

(4) 有 PWM 和 AUD/AUX 两种放音输出方式。

(5) 可处理多达 255 段以上信息。

(6) 有丰富多样的工作状态提示。

(7) 多种采样频率对应多种录放时间。

(8) 音质好，电压范围宽，应用灵活。

2. 电特性

(1) 工作电压：DC 2.4～5.5 V，最高不能超过 6 V。

(2) 静态电流：0.5～1 μA。

(3) 工作电流：20 mA。

3. 型号参数表

ISD1700 系列部分型号的参数见表 5-9。

表 5-9　型号参数表

存储时间/s	型号	ISD 1730	ISD 1740	ISD 1750	ISD 1760	ISD 1790	振荡电阻 /kΩ
采样率	12 kHz	20	26	33	40	60	60
	8 kHz	30	40	50	60	90	80
	6.4 kHz	37	50	62	75	112	100
	5.3 kHz	45	60	75	90	135	120
	4 kHz	60	80	100	120	180	160

4. 引脚功能

各引脚功能如图 5-45 所示。

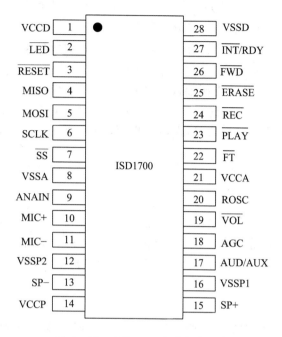

图 5-45　ISD1700 系列芯片引脚

VCCA，VCCD（电源）：模拟和数字电源引脚。连接时最好分别走线，尽可能在靠近供电电源处相连，而去耦电容应尽量靠近芯片。

VSSA，VSSD（地线）：芯片内部的模拟和数字电路也使用不同的地线，这两个引脚最好在引脚焊盘上相连。

$\overline{\text{LED}}$（信号灯）：指示各状态的信号输出。

$\overline{\text{SS}}$（SPI 使能）：低电平时，选择该芯片成为当前被控制设备并开启 SPI 接口。

SCLK（SPI 时钟）：由主控制芯片产生，并且被用来同步芯片 MOSI 和 MISO 端各自的数据输入和输出。

MISO（SPI 的串行输出）：在 SCLK 下降沿之前的半个周期将数据放置在 MISO 端，数据在 SCLK 的下降沿移出。

MOSI（SPI 的串行输入）：主控制芯片在 SCLK 上升沿之前的半个周期将数据放置在 MOSI 端，数据在 SCLK 上升沿被锁存在芯片内。

$\overline{\text{PLAY}}$（按键模式的播放控制）、$\overline{\text{REC}}$（录音控制）、$\overline{\text{ERASE}}$（擦除控制）、$\overline{\text{FWD}}$（快进控制）、$\overline{\text{VOL}}$（音量控制）、$\overline{\text{RESET}}$（芯片复位）：均为低电平有效。

$\overline{\text{FT}}$（直通）：在独立按键模式下，若该引脚电平一直为低，则 ANAIN 线路被激活，信号立刻从 ANAIN 经音量控制线路发送到喇叭以及 AUD/AUX 输出。在 SPI 模式下，该引脚不起作用。

MIC＋（麦克风输入＋）、MIC－（麦克风输入－）：麦克风输入录音。

ANAIN（辅助输入）：芯片录音或直通时，辅助的模拟输入。

VCCP（PWM 喇叭驱动器电源）、VSSP1（正极 PWM 喇叭驱动器地）、VSSP2（负极

PWM 喇叭驱动器地）：PWM 喇叭驱动器的电源信号和地信号。

SP＋（喇叭输出正）、SP－（喇叭输出负）：喇叭输出。

AUD/AUX（辅助输出）：完成 AUD 或 AUX 输出，AUD 是一个单端电流输出，而 AUX 是一个单端电压输出，它们能够被用来驱动一个外部扬声器。

AGC（自动增益控制）：AGC 动态调整前置增益以补偿话筒输入电平的宽幅变化，使得录制变化很大的音量（从耳语到喧嚣声）时失真都能保持最小。

ROSC（振荡电阻）：用一个电阻连接到地，决定芯片的采样频率。

$\overline{\text{INT}}$/RDY（开路输出）：独立按键模式下，RDY 起作用，该引脚在录音、放音、擦除等操作时保持为低电平；在 SPI 模式时，$\overline{\text{INT}}$ 起作用，在完成 SPI 命令后，会产生一个低电平信号的中断，一旦中断消除，就变为高电平。

5. 工作模式

1）独立按键工作模式

该模式的录放电路非常简单，而且功能强大，不仅有录、放功能，还有快进、擦除、音量控制、直通放音和复位等功能，这些功能仅仅通过按键就可完成。另外，芯片可以通过 $\overline{\text{LED}}$ 引脚给出信号来提示芯片的工作状态，并且伴随有提示音，用户也可以自定义 4 种提示音效。

（1）录音操作。

按下 REC 键，$\overline{\text{REC}}$ 引脚电平变低后开始录音，直到松开按键使电平拉高或者芯片录满时结束。录音结束后，录音指针自动移向下一个有效地址，而放音指针则指向刚刚录完的那段语音地址。

（2）放音操作。

放音操作有两种模式，分别是边沿触发和电平触发，都由 $\overline{\text{PLAY}}$ 引脚触发。

① 边沿触发模式。

点按一下 PLAY 键，$\overline{\text{PLAY}}$ 引脚电平变低便开始播放当前段的语音，遇到 EOM 标志后自动停止。放音结束后，播放指针停留在刚播放的语音起始地址处，再次点按放音键会重新播放刚才的语音。在放音期间，LED 灯会闪烁，直到放音结束时熄灭。如果在放音期间点按放音键，则会停止放音。

② 电平触发模式。

如果一直按住 PLAY 键，使 $\overline{\text{PLAY}}$ 引脚电平持续为低，那么会将芯片内所有语音信息播放出来，并且循环播放直到松开按键将 $\overline{\text{PLAY}}$ 引脚电平拉高。放音期间，LED 闪烁。当放音停止时，播放指针会停留在当前停止的语音段起始位置。

（3）快进操作。

点按一下 FWD 按钮将 $\overline{\text{FWD}}$ 引脚拉低，会启动快进操作。快进操作用来将播放指针移向下一段语音信息。当播放指针到达最后一段语音处时，再次快进，指针会返回到第一段语音。当下降沿来到 $\overline{\text{FWD}}$ 引脚时，快进操作取决于芯片当时的状态。

① 如果芯片在掉电状态并且当前播放指针的位置不在最后一段，那么指针会前进一段，到达下一段语音处。

② 如果芯片在掉电状态并且当前播放指针的位置在最后一段，那么指针会返回到第一

段语音处。

③ 如果芯片正在播放一段语音（非最后一段），那么此时放音停止，播放指针前进到下一段，紧接着播放新的语音。

④ 如果芯片正在播放最后一段语音，那么此时放音停止，播放指针返回到第一段语音，紧接着播放第一段语音。

（4）擦除操作。

擦除操作分为单个擦除和全体擦除两种擦除方式。

① 单个擦除。

只有第一段或最后一段语音可以被单个擦除。点按一下 ERASE 键将 $\overline{\text{ERASE}}$ 引脚拉低，这时具体的擦除情况要看播放指针的状态：

如果芯片空闲并且播放指针指向第一段语音，则会删除第一段语音，播放指针指向新的第一段语音（执行擦除操作前的第二段）；

如果芯片空闲并且播放指针指向最后一段语音，则会删除最后一段语音，播放指针指向新的最后一段语音（执行擦除操作前的倒数第二段）；

如果芯片空闲并且播放指针没有指向第一或最后一段语音，则不会删除任何语音，播放指针也不会被改变；

如果芯片当前正在播放第一段或最后一段语音，点按下 ERASE 键会删除当前语音。

② 全体擦除。

当按下 ERASE 键将 $\overline{\text{ERASE}}$ 引脚电平拉低超过 2.5 s 时，会触发全体擦除操作，删除全部语音信息。

（5）复位操作。

当 $\overline{\text{RESET}}$ 被触发，芯片将播放指针和录音指针都放置在最后一段语音信息的位置。

（6）音量操作。

点按一下 VOL 键将 $\overline{\text{VOL}}$ 引脚拉低会改变音量大小。每按一下，音量会减小一挡，当到达最小挡后再按的话，会增加音量直到最大挡，如此循环。总共有 8 个音量挡供用户选择，每一挡改变 4 dB。复位操作会将音量挡放在默认位置，即最大音量。

（7）FT 直通操作。

将 $\overline{\text{FT}}$ 引脚与 GND 短接，持续保持在低电平会启动直通模式。出厂设定的是在芯片空闲状态，直通操作会将语音从 ANAIN 端直接通往喇叭端或 AUD 输出口。在录音期间开启 FT 功能，会同时录下 ANAIN 进入的语音信号。

（8）提示音编辑。

ISD1700 系列中设计了 4 种声音来提示当前的工作状态，分别为 SE1、SE2、SE3、SE4。

SE1：录音，下一曲或全部擦除的开始。

SE2：录音，单个擦除或最后一曲结束。

SE3：无效的擦除操作。

SE4：全部擦除成功。

① 进入 SE 编辑模式。

首先保持$\overline{\text{FWD}}$为低并保持 3 s 左右，然后 LED 会闪一下（若有 SE1，会同时播放 SE1）。但是若当前曲目为最后一曲或没有录音，则 LED 会闪两下（若有 SE2，会同时播放 SE2）。

保持$\overline{\text{FWD}}$为低，然后按下$\overline{\text{REC}}$使之为低，直到 LED 闪一下。

LED 再闪一下说明已经进入 SE 编辑模式。进入此模式后，当前待编辑 SE 为 SE1。

② 编辑。

进入 SE 编辑模式后可按原来的方式进行录音、放音和擦除。按 FWD 键后可根据 LED 的闪动次数来判断当前的 SE，闪一下为 SE1，闪两下为 SE2，依此类推。

③ 退出 SE 编辑模式。

操作方法同进入方法一样。

SE 编辑的时间长度如表 5-10 所示。

表 5-10   SE 编辑的时间长度

采样率/kHz	12	8	6.4	5.3	4
SE 时长/s	0.33	0.5	0.625	0.75	1

2）SPI 工作模式

主控单片机主要通过四线（SCLK、MOSI、MISO、$\overline{\text{SS}}$）SPI 协议对 ISD1700 进行串行通信。ISD1700 作为从机，几乎所有的操作都可以通过这个 SPI 协议来完成。为了兼容独立按键模式，一些 SPI 命令，如 PLAY、REC、ERASE、FWD、RESET 和 GLOBAL_ERASE 的运行类似于相应的独立按键模式的操作。另外，SET_PLAY、SET_REC、SET_ERASE 命令允许用户指定录音、放音和擦除的开始和结束地址。此外，还有一些命令可以访问 APC 寄存器，用来设置芯片模拟输入的方式。

ISD1700 系列的 SPI 串行接口操作遵照以下协议：

（1）一个 SPI 处理开始于$\overline{\text{SS}}$引脚的下降沿。

（2）在一个完整的 SPI 指令传输周期，$\overline{\text{SS}}$引脚必须保持低电平。

（3）数据在 SCLK 的上升沿锁存在芯片的 MOSI 引脚，在 SCLK 的下降沿从 MISO 引脚输出，并且首先移出低位。

（4）SPI 指令操作码包括命令字节、数据字节和地址字节，指令操作码取决于 ISD1700 的指令类型。

（5）当命令字及地址数据输入到 MOSI 引脚时，状态寄存器和当前行地址信息从 MISO 引脚移出。

（6）一个 SPI 处理在$\overline{\text{SS}}$变高后启动。

（7）在完成一个 SPI 命令的操作后，会启动一个中断信息，并且持续保持为低，直到芯片收到 CLR_INT 命令或者芯片复位。

四、实验方法

实验电路如图 5-46 所示。

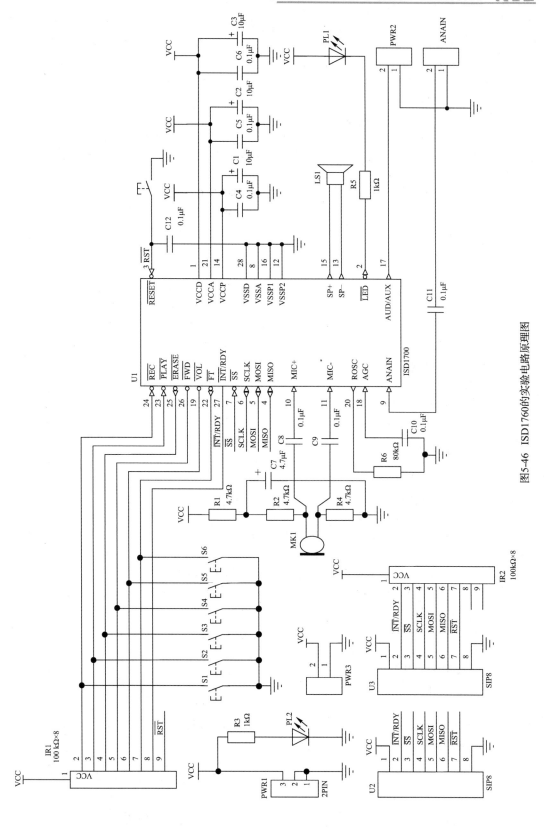

图5-46　ISD1760的实验电路原理图

参考程序：

```c
#include <REG51.h>
#include <stdio.h>
#include <intrins.h>
#define uchar unsigned char
#define uint unsigned int


unsigned char bdata SR0_L;                    //SR0 寄存器
unsigned char bdata SR0_H;

unsigned char bdata SR1;                      //SR1 寄存器
unsigned char APCL=0, APCH=0;                 //APC 寄存器
unsigned char PlayAddL=0, PlayAddH=0;         //放音指针低位、高位
unsigned char RecAddL=0, RecAddH=0;           //录音指针低位、高位


sbit CMD=SR0_L^0;                             //SPI 指令错误标志位
sbit FULL=SR0_L^1;                            //芯片存储空间满标志
sbit PU=SR0_L^2;                              //上电标志位
sbit EOM=SR0_L^3;                             //EOM 标志位
sbit INTT=SR0_L^4;                            //操作完成标志位
sbit RDY=SR1^0;                               //准备接收指令标志位
sbit ERASE=SR1^1;                             //擦除标志位
sbit PLAY=SR1^2;                              //播放标志位
sbit REC=SR1^3;                               // 录音标志位


unsigned char ISD_SendData(unsigned char dat);
void ISD_PU(void);
void ISD_Rd_Status(void);
void ISD_WR_APC2(unsigned char apcdatl, apcdath);
void ISD_SET_PLAY(unsigned char Saddl, Saddh, Eaddl, Eaddh);
void ISD_SET_Rec(unsigned char Saddl, Saddh, Eaddl, Eaddh);
void ISD_SET_Erase(unsigned char Saddl, Saddh, Eaddl, Eaddh);
sbit   SS=P1^0;
sbit   SCK=P1^1;
sbit   MOSI=P1^2;
sbit   MISO=P1^3;


void Cpu_Init(void);                          //系统初始化
void ISD_Init(void);                          //ISD1700 初始化
void delay(unsigned int t);                   //ms 级延迟


void main(void)
{
    Cpu_Init();                               //CPU 及系统变量初始化
```

```
    ISD_Init();                            //ISD 初始化
    while(1)
    {
      ISD_SET_Erase(0，0，9，0);           //单元地址可更改
      ISD_SET_Rec(0，0，9，0);
      ISD_SET_PLAY(0，0，9，0);
    }
}


void Cpu_Init(void)                        //CPU 及系统变量初始化
{
    P0＝P1＝P2＝P3＝0xff;
    TMOD＝0x01;                            //定时器初始化
    EA＝0;                                 //关闭中断
}


void ISD_Init(void)                        //ISD 系统初始化
{
    uchar i＝2;
    SS＝1;
    SCK＝1;
    MOSI＝0;
    do
    {
      ISD_PU();                            //上电
      delay(50);
      ISD_Rd_Status();                     //读取状态
    }while(CMD||(! PU));                    //如果(CMD_Err＝＝1)||(PU! ＝1)),则
                                           //再次发送上电指令
    ISD_WR_APC2(0x40，0x04);               //将 0x0440(芯片出厂默认值,可根
                                           //据需要更改数值)写入 APC 寄存器
    do
    {
    ISD_Rd_Status();                       //等待 RDY 位置 1
    } while(RDY＝＝0);
    do
    {
        delay(300);
        delay(300);
        i－－;
    }while(i＞0);
}
```

```
unsigned char ISD_SendData(unsigned char dat)      //向 CPU 发送 & 读回数据
                                                   //保证外部 SS=1

{
    unsigned char i, j, BUF_ISD=dat;
    SCK=1;                                         //初始条件
    SS=0;                                          //使能 ISD1700 的 SPI
    for(j=4;j>0;j——)                              //延迟
    {;}
    for(i=0;i<8;i++)                               //发送 & 接收 8 位数据
    {
        SCK=0;
        for(j=2;j>0;j——)                          //延迟
        {;}
        if(BUF_ISD&0x01)   //将 BUF_ISD 中的最低位数据发送到 MOSI 端口
            MOSI=1;
        else
            MOSI=0;
        BUF_ISD>>=1;                               //BUF_ISD 右移一位
        if(MISO)                                   //逐个接收 MISO 端口的数据
                                                   //将数据存在 BUF_ISD 的最高位
        BUF_ISD|=0x80;
        SCK=1;
        for(j=6;j>0;j——)                          //延迟
        {;}
    }
    MOSI=0;
    return(BUF_ISD);                               //返回接收到的数据
}

void   ISD_PU(void)                                //上电
{
    ISD_SendData(0x01);                            //发送 PU 命令
    ISD_SendData(0x00);
    SS=1;
}

void ISD_Rd_Status(void)                           //读取状态寄存器内容
{
    unsigned char i ;
    ISD_SendData(0x05);                            //发送
    ISD_SendData(0x00);
    ISD_SendData(0x00);
    SS=1;
```

```
    for(i=2;i>0;i--)                          //延迟
    {;}
    SR0_L=ISD_SendData(0x05);                 //从 MISO 读出状态
    SR0_H=ISD_SendData(0x00);
    SR1=ISD_SendData(0x00);
    SS=1;
}


void ISD_WR_APC2(unsigned char apcdatl,apcdath)//设置 APC2
{
    ISD_SendData(0x65);
    ISD_SendData(apcdatl);                    //发送低 8 位数据
    ISD_SendData(apcdath);                    //发送高 8 位数据
    SS=1;
}


void ISD_SET_PLAY( unsigned char Saddl,Saddh,Eaddl,Eaddh)//定点播放
{
    ISD_SendData(0x80);
    ISD_SendData(0x00);
    ISD_SendData(Saddl);                      //开始地址低 8 位
    ISD_SendData(Saddh);                      //开始地址高 8 位
    ISD_SendData(Eaddl);                      //结束地址低 8 位
    ISD_SendData(Eaddh);                      //结束地址高 8 位
    ISD_SendData(0x00);
    SS=1;
}


void ISD_SET_Rec( unsigned char Saddl,Saddh,Eaddl,Eaddh)    //定点录音
{
    ISD_SendData(0x81);
    ISD_SendData(0x00);
    ISD_SendData(Saddl);                      //开始地址低 8 位
    ISD_SendData(Saddh);                      //开始地址高 8 位
    ISD_SendData(Eaddl);                      //结束地址低 8 位
    ISD_SendData(Eaddh);                      //结束地址高 8 位
    ISD_SendData(0x00);
    SS=1;
}


void ISD_SET_Erase( unsigned char Saddl,Saddh,Eaddl,Eaddh)    //定点擦除
{
    ISD_SendData(0x82);
```

```
        ISD_SendData(0x00);
        ISD_SendData(Saddl);                        //开始地址低 8 位
        ISD_SendData(Saddh);                        //开始地址高 8 位
        ISD_SendData(Eaddl);                        //结束地址低 8 位
        ISD_SendData(Eaddh);                        //结束地址高 8 位
        ISD_SendData(0x00);
        SS=1;
}


void delay(unsigned int t)                          //毫秒级延迟，12 MHz 晶振
{
    for(;t>0;t--)
    {
        TH0=0xfc;           //在 TMOD 中设定为计数器 0、工作方式 1 模式
                            //(65536-x) * 1μs=1ms, x=64536=FC18H
        TL0=0x18;
        TR0=1;
        while(TF0! =1)
        {;}
        TF0=0;
        TR0=0;
    }
}
```

第6章　系统设计选题和任务要求

通过前期的训练，我们掌握了单片机应用系统的开发环境，了解了常用软件的编写技巧，熟悉了一些专用芯片和接口电路的使用方法。下面开始制作一个电子系统。

本章给出了综合设计实验的部分选题，根据功能特点可将其分为 14 个大类，如表6-1所示。每个题目的具体任务和要求请参阅后面各节。设计方法、步骤及书面提交材料请参阅第 1 章。

表 6-1　电子系统设计选题

节号	类型名	题目名称
6.1	计价和时钟类	语音出租车计价器
		具有报时、报温功能的电子钟
6.2	信号采集和分析处理类	简易数字式液晶存储示波器
		数据采集及分析系统
		巴特沃斯低通数据采集仪
		智能数字电压表
6.3	信号发生类	程控函数发生器
		程控相位差函数发生器
6.4	电压控制类	智能无塔供水系统
		数字程控直流稳压电源
		数字程控功率信号源
6.5	参数测试类	程控电阻、电容测试仪
		准等精度数字脉冲宽度测量仪
		准等精度数字频率计
6.6	管理类	基于 IC 卡的个人信息与计费管理系统
		基于 IC 卡的用电管理系统
6.7	数据传输类	数字逻辑故障诊断仪
		多通道数据采集及传输系统
6.8	数据捕获类	串行数据捕获记录仪
		多通路串行通信系统

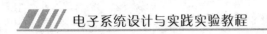

节 号	类型名	题 目 名 称
6.9	温度控制类	储藏室温度、通风控制系统
		温室恒温控制系统
6.10	RC 测量类	基于阶跃法的 RC 电气参数测试仪
		基于正弦稳态法的 RC 电气参数测试仪
		基于瞬时法的 RC 电气参数测试仪
		复阻抗测量仪
		功率测量仪
6.11	逻辑分析和 PLD 类	单片机存储器地址和数据捕捉记录及分析仪
		基于 PLD 的液晶等精度频率、脉宽测量仪
		基于 PLD 的液晶数字电子钟
		基于 PLD 的液晶数字频率计
6.12	数据流发生类	并行数据流发生器
		串行数据流发生器
6.13	超声波传感器应用类	智能超声波测距仪
		智能超声波车流量监视系统
		智能超声波速度测量仪
6.14	电子琴类	基于单片机的简易电子琴
		基于单片机的简谱记录仪

6.1　计价和时钟类

6.1.1　语音出租车计价器

1. 目的及任务

（1）通过查阅相关资料，深入了解出租车计价器的工作原理；

（2）学习数字信号处理及采样原理的相关知识；

（3）复习"MCS-51单片机原理及C语言程序设计"的相关知识，掌握其接口扩展，如显示、键盘等；

（4）设计语音出租车计价器的原理图，构建硬件平台；

（5）采用汇编或C语言编写应用程序并调试通过；

（6）制作出样机并测试其能否达到功能和技术指标要求；

（7）写出设计报告和答辩PPT。

2. 具体工作内容

1）技术要求

（1）用 555 振荡器模拟出租车车轮转数传感器，计量出租车所走的公里数；

（2）显示和语音播报里程、价格和等待红灯或堵车的计时价格；

（3）具有等待计时功能；

（4）具有实时年月日显示与切换功能。

2）工作任务

（1）组建基于单片机的出租车计价器的总体结构框图；

（2）根据设计要求，通过理论分析和计算选择电路参数；

（3）根据操作功能要求，确定键盘控制功能；

（4）按设计要求确定显示位数、指示类型和单位；

（5）编写应用程序并调试通过；

（6）对系统进行测试和结果分析；

（7）撰写设计报告和答辩 PPT。

6.1.2　具有报时、报温功能的电子钟

1. 目的及任务

（1）通过查阅相关资料，深入了解温度测量的相关知识；

（2）学习动态显示方式的实现方法及原理；

（3）复习"MCS - 51 单片机原理及 C 语言程序设计"的相关知识，掌握其接口扩展，如显示、键盘等；

（4）确定具有报时、报温功能的电子钟的原理图，构建硬件平台；

（5）采用汇编或 C 语言编写应用程序并调试通过；

（6）制作出样机并测试其能否达到功能和技术指标要求；

（7）写出设计报告和答辩 PPT。

2. 具体工作内容

1）技术要求

（1）时钟日历来源于 DS1302 芯片；

（2）温度测量使用 DS18B20；

（3）具有定时和闹钟功能，采用 LED 闪烁方式提示；

（4）具有实时年月日显示和校时功能；

（5）六位数码管动态显示，可采用按键切换显示；

（6）整点语音播报时间和温度。

2）工作任务

（1）组建具有报时、报温功能的电子钟的总体结构框图；

（2）根据设计要求，通过理论分析选择电路参数；

（3）根据操作功能要求，确定键盘控制功能；

（4）按设计要求确定显示位数、指示类型和单位；

（5）编写应用程序并调试通过；

（6）对系统进行测试和结果分析；

（7）撰写设计报告和答辩 PPT。

6.2　信号采集和分析处理类

6.2.1　简易数字式液晶存储示波器

1. 目的及任务

（1）通过查阅相关资料，深入了解数字式液晶存储示波器的原理；

（2）学习数字信号处理及采样原理的相关知识；

（3）复习"MCS-51 单片机原理及 C 语言程序设计"的相关知识，掌握其接口扩展，包括显示、键盘等；

（4）设计简易数字式液晶存储示波器的原理图，构建硬件平台；

（5）采用汇编或 C 语言编写应用程序并调试通过；

（6）制作出样机并测试其能否达到功能和技术指标要求；

（7）写出设计报告和答辩 PPT。

2. 具体工作内容

1）技术要求

（1）输入信号为 0～5 V，0～1 kHz；

（2）存储深度自定；

（3）用按键切换通道；

（4）在液晶显示器上显示采集数据的波形；

（5）自定回放方式；

（6）显示通道号、幅度和频率。

2）工作任务

（1）组建总体电路结构框图；

（2）根据设计要求，通过理论分析和计算选择电路参数；

（3）根据操作功能要求，确定键盘控制功能；

（4）按设计要求确定显示位数、指示类型和单位；

（5）编写应用程序并调试通过；

（6）对系统进行测试和结果分析；

（7）撰写设计报告和答辩 PPT。

6.2.2　数据采集及分析系统

1. 目的及任务

（1）通过查阅相关资料，深入了解数据采集的原理；

（2）学习数字信号处理及采样原理的相关知识；

（3）复习"MCS-51 单片机原理及 C 语言程序设计"的相关知识，掌握其接口扩展，包括显示、键盘等；

（4）设计数据采集及分析系统的原理图，构建硬件平台；

（5）采用汇编或 C 语言编写应用程序并调试通过；

（6）制作出样机并测试其能否达到功能和技术指标要求；

（7）写出设计报告和答辩 PPT。

2. 具体工作内容

1）技术要求

（1）输入信号为 0～5 V，0～1 kHz；

（2）自定存储深度；

（3）用按键切换通道；

（4）在液晶屏上显示波形及频谱；

（5）利用一种数字滤波方法对信号进行处理，并显示滤波后的波形。

2）工作任务

（1）组建基于单片机的数据采集及分析系统的总体结构框图；

（2）根据设计要求，通过理论分析和计算选择电路参数；

（3）根据操作功能要求，确定键盘控制功能；

（4）按设计要求确定显示位数、指示类型和单位；

（5）采用汇编或 C 语言编写应用程序并调试通过；

（6）对系统进行测试和结果分析；

（7）撰写设计报告和答辩 PPT。

6.2.3　巴特沃斯低通数据采集仪

1. 目的及任务

（1）通过查阅相关资料，深入了解数据采集和数字信号处理的基本原理；

（2）学习有关的电子技术知识；

（3）掌握可视化操作界面设计；

（4）设计巴特沃斯低通数据采集仪的原理图，构建硬件平台；

（5）学习高级程序设计方法；

（6）制作出样机并测试其能否达到功能和技术指标要求。

2. 具体工作内容

1）技术要求

（1）利用 51 单片机的串行通信口构建该仪器的操作平台；

（2）操作简单，界面友好；

（3）采集某个模拟信号并用软件对模拟信号进行低通滤波处理；

（4）在计算机上进行频谱分析，并给出相应的图像及主要参数。

2）工作任务

（1）组建巴特沃斯低通数据采集仪的总体结构框图；

（2）根据操作习惯设计显示界面；

（3）根据操作功能要求，确定控制功能；

（4）按设计要求确定显示方式；

（5）采用 C 语言编写应用程序并调试通过；

（6）对系统进行测试和结果分析。

6.2.4　智能数字电压表

1. 目的及任务

（1）通过查阅相关资料，深入了解数字电压表的工作原理；

（2）学习数字信号处理及采样原理的相关知识；

（3）复习"MCS－51单片机原理及 C 语言程序设计"的相关知识，掌握其接口扩展，包括显示、键盘等；

（4）设计智能数字电压表的原理图，构建硬件平台；

（5）采用汇编或 C 语言编写应用程序并调试通过；

（6）制作出样机并测试其能否达到功能和技术指标要求；

（7）写出设计报告和答辩 PPT。

2. 具体工作内容

1）技术要求

（1）输入信号为 $0\sim5$ V，$0\sim1$ kHz；

（2）自定存储深度；

（3）用按键切换通道；

（4）在液晶显示器上显示被测直流电压值及单位；

（5）在液晶显示器上显示被测交流电压的有效值及单位；

（6）在液晶显示器上显示被测交流电压的频率。

2）工作任务

（1）组建基于单片机的智能数字电压表的总体结构框图；

（2）根据设计要求，通过理论分析和计算选择电路参数；

（3）根据操作功能要求，确定键盘控制功能；

（4）按设计要求确定显示位数、指示类型和单位；

（5）采用汇编或 C 语言编写应用程序并调试通过；

（6）对系统进行测试和结果分析；

（7）撰写设计报告和答辩 PPT。

6.3　信　号　发　生　类

6.3.1　程控函数发生器

1. 目的及任务

（1）通过查阅相关资料，深入了解函数发生器的工作原理；

（2）学习数字信号处理及采样原理的相关知识；

（3）复习"MCS - 51 单片机原理及 C 语言程序设计"的相关知识，掌握其接口扩展，包括显示、键盘等；

（4）设计程控低频函数发生器的原理图，构建硬件平台；

（5）采用汇编或 C 语言编写应用程序并调试通过；

（6）制作出样机并测试其能否达到功能和技术指标要求；

（7）写出设计报告和答辩 PPT。

2. 具体工作内容

1）技术要求

（1）正弦波的下限频率为 0.1 Hz，上限频率暂时不确定，但应尽量提高，并在实验报告中分析影响上限频率的因素和已完成的最大值；

（2）输出的正弦波中不能含有尖峰干扰；

（3）输出的正弦波峰峰值最大为 5 V，最小幅度自定，幅度可调节，分辨率为 0.5 V，直流偏移为 ±2 V 可调；

（4）频率输入为数字量，在 10 Hz 范围内分辨率为 0.1 Hz，在 10～100 Hz 内分辨率为 1 Hz；

（5）扩展输出波形种类，如三角波、方波等，频率范围自定。

2）工作任务

（1）组建基于单片机的低频函数发生器的总体结构框图；

（2）根据指标要求，通过理论分析和计算选择电路参数；

（3）根据操作功能要求，确定键盘控制功能；

（4）按设计要求确定显示位数、指示类型和单位；

（5）编写应用程序并调试通过；

（6）对系统进行测试和结果分析；

（7）撰写设计报告和答辩 PPT。

6.3.2　程控相位差函数发生器

1. 目的及任务

（1）通过查阅相关资料，深入了解程控相位差函数发生器的工作原理；

（2）学习数字信号处理及采样原理的相关知识；

(3) 复习"MCS - 51 单片机原理及 C 语言程序设计"的相关知识，掌握其接口扩展，包括显示、键盘等；

(4) 设计程控相位差函数发生器的原理图，构建硬件平台；

(5) 采用 C 语言编写应用程序并调试通过；

(6) 制作出样机并测试其能否达到功能和技术指标要求；

(7) 写出设计报告和答辩 PPT。

2. 具体工作内容

1) 技术要求

(1) 正弦波的频率为 30～100 Hz，尽量拓宽频率范围；

(2) 输出的正弦波中不能含有尖峰干扰；

(3) 输出的正弦波峰峰值最大为 5 V，最小幅度自定，直流偏移为±2 V；

(4) 相位差输入为数字量，在 360° 范围内可调；

(5) 扩展输出波形的种类，如三角波、方波等，幅度和频率范围自定；

(6) 波形失真度为±3%；

(7) 用六位数码管显示。

2) 工作任务

(1) 组建程控相位差函数发生器的总体结构框图；

(2) 根据频率范围和准确度要求，通过理论分析和计算选择电路参数；

(3) 根据操作功能要求，确定键盘控制功能；

(4) 按设计要求确定显示位数、指示类型和单位；

(5) 采用 C 语言编写应用程序并调试通过；

(6) 对系统进行测试和结果分析；

(7) 撰写设计报告和答辩 PPT。

6.4 电压控制类

6.4.1 智能无塔供水系统

1. 目的及任务

(1) 通过查阅相关资料，深入了解智能无塔供水系统的工作原理；

(2) 学习数字信号处理及采样原理的相关知识；

(3) 复习"MCS - 51 单片机原理及 C 语言程序设计"的相关知识，掌握其接口扩展，包括显示、键盘等；

(4) 设计智能无塔供水系统的原理图，构建硬件平台；

(5) 采用汇编或 C 语言编写应用程序并调试通过；

(6) 制作出样机并测试其能否达到功能和技术指标要求；

(7) 写出设计报告和答辩 PPT。

2. 具体工作内容

1）技术要求

（1）管网压力信号的电压为 0～5 V（用直流电压信号模拟）；

（2）定时供水（6:30～8:30，11:30～13:30，17:30～20:30）用变频泵；

（3）在夜间（0:00～6:30）关变频泵，当管网压力小于一定值后，开启小流量泵；

（4）根据管网压力的改变，输出用于控制变频调速器的模拟电压信号；

（5）变频泵的开启和关闭状态用 LED 指示；

（6）键盘实现时间调整和管网压力设定，并以六位数码管显示设定值。

2）工作任务

（1）组建基于单片机的智能无塔供水系统的总体结构框图；

（2）根据设计要求，通过理论分析和计算选择电路参数；

（3）根据操作功能要求，确定键盘控制功能；

（4）按设计要求确定显示位数、指示类型和单位；

（5）编写应用程序并调试通过；

（6）对系统进行测试和结果分析；

（7）撰写设计报告和答辩 PPT。

6.4.2　数字程控直流稳压电源

1. 目的及任务

（1）通过查阅相关资料，深入了解直流稳压电源的工作原理；

（2）学习数字信号处理及采样原理的相关知识；

（3）复习"MCS-51 单片机原理及 C 语言程序设计"的相关知识，掌握其接口扩展，包括显示、键盘等；

（4）设计数字程控直流稳压电源的原理图，构建硬件平台；

（5）采用汇编或 C 语言编写应用程序并调试通过；

（6）制作出样机并测试其能否达到功能和技术指标要求；

（7）写出设计报告和答辩 PPT。

2. 具体工作内容

1）技术要求

（1）输出的直流电压为 2～10 V；

（2）输出的直流电流大于 1 A；

（3）四位数码管用于显示电压值及单位；

（4）五个功能按键用于设定输出电压；

（5）三个发光二极管用于显示工作状态。

2）工作任务

（1）组建数字程控直流稳压电源的总体结构框图；

（2）根据数字程控直流稳压电源的指标要求，通过理论分析和计算选择电路参数；

（3）根据操作功能要求，确定键盘控制功能；

(4) 按设计要求确定显示位数、指示类型和单位;

(5) 编写应用程序并调试通过;

(6) 对系统进行测试和结果分析;

(7) 撰写设计报告和答辩 PPT。

6.4.3 数字程控功率信号源

1. 目的及任务

(1) 通过查阅相关资料,深入了解功率信号源的工作原理;

(2) 学习数字信号处理及采样原理的相关知识;

(3) 复习"MCS - 51 单片机原理及 C 语言程序设计"的相关知识,掌握其接口扩展,包括显示、键盘等;

(4) 设计功率信号源的原理图,构建硬件平台;

(5) 采用汇编或 C 语言编写应用程序并调试通过;

(6) 制作出样机并测试其能否达到功能和技术指标要求;

(7) 写出设计报告和答辩 PPT。

2. 具体工作内容

1) 技术要求

(1) 输出的电压的有效值为 $2 \sim 10$ V;

(2) 输出的直流电流大于 1 A;

(3) 四位数码管用于显示工作状态;

(4) 五个功能按键用于设定功率信号源的输出;

(5) 可输出正弦波、方波、三角波;

(6) 通电后有上电提示的功能。

2) 工作任务

(1) 组建功率信号源的总体结构框图;

(2) 根据功率信号源的指标要求,通过理论分析和计算选择电路参数;

(3) 根据操作功能要求,确定键盘控制功能;

(4) 按设计要求确定显示位数、指示类型和单位;

(5) 编写应用程序并调试通过;

(6) 对系统进行测试和结果分析;

(7) 撰写设计报告和答辩 PPT。

6.5 参数测试类

6.5.1 程控电阻、电容测试仪

1. 目的及任务

(1) 通过查阅相关资料,深入了解程控电阻、电容的测量原理;

（2）复习"MCS - 51 单片机原理及 C 语言程序设计"的相关知识；

（3）掌握接口扩展，包括显示、键盘等；

（4）设计基于单片机的程控电阻、电容测试仪的原理图，构建硬件平台；

（5）采用汇编或 C 语言编写应用程序并调试通过；

（6）制作出样机并测试其能否达到功能和技术指标要求；

（7）写出设计报告和答辩 PPT。

2. 具体工作内容

1）技术要求

（1）电阻测量范围为 $100\ \Omega \sim 1\ M\Omega$；

（2）电容测量范围为 $100 \sim 10\ 000\ pF$；

（3）用 4 位数码管显示测量值；

（4）用发光二极管分别指示所测元件的类别和单位。

2）工作任务

（1）组建基于单片机的电阻、电容测试仪的总体结构框图；

（2）设计详细的原理图，通过理论分析和计算选择电路参数；

（3）根据操作功能要求，确定操作按键的功能；

（4）按设计要求确定显示方式及信息量；

（5）编写应用程序并调试通过；

（6）对系统进行测试和结果分析；

（7）撰写设计报告和答辩 PPT。

6.5.2　准等精度数字脉冲宽度测量仪

1. 目的及任务

（1）通过查阅相关资料，深入了解准等精度数字脉冲宽度测量仪的原理；

（2）复习"MCS - 51 单片机原理及 C 语言程序设计"的相关知识；

（3）掌握接口扩展，包括显示、键盘等；

（4）设计基于单片机的准等精度数字脉冲宽度测量仪的原理图，构建硬件平台；

（5）采用汇编或 C 语言编写应用程序并调试通过；

（6）制作出样机并测试其能否达到功能和技术指标要求；

（7）写出设计报告和答辩 PPT。

2. 具体工作内容

1）技术要求

（1）被测信号为数字信号；

（2）测量范围为 $100\ \mu s \sim 100\ ms$；

（3）数码管动态显示测量值；

（4）用发光二极管指示测量状态。

（5）通电后有上电提示的功能。

2）工作任务

（1）组建基于单片机的准等精度数字脉冲宽度测量仪的总体结构框图；

（2）设计原理图，选取元器件，通过理论分析和计算选择电路参数；

（3）根据操作功能要求，确定操作按键的功能；

（4）按设计要求确定显示方式及信息量；

（5）编写应用程序并调试通过；

（6）对系统进行测试和结果分析；

（7）撰写设计报告和答辩 PPT。

6.5.3　准等精度数字频率计

1. 目的及任务

（1）通过查阅相关资料，深入了解准等精度数字频率计的设计方法和工作原理；

（2）学习数字信号处理及采样原理的相关知识；

（3）复习"MCS－51单片机原理及C语言程序设计"的相关知识，掌握其接口扩展，如显示、键盘等；

（4）设计数字频率计的原理图，构建硬件平台；

（5）采用汇编或C语言编写应用程序并调试通过；

（6）制作出样机并测试其能否达到功能和技术指标要求；

（7）写出设计报告和答辩 PPT。

2. 具体工作内容

1）技术要求

（1）用 555 振荡器模拟被测信号，实现频率计的基本功能；

（2）用动态数码管显示测量结果（包括数值及单位），指示工作状态；

（3）显示本仪器的工作环境的温度和湿度；

（4）实现年月日显示与切换。

2）工作任务

（1）组建基于单片机的准等精度数字频率计的总体结构框图；

（2）根据技术要求，通过理论分析和计算选择电路参数；

（3）根据操作功能要求，确定键盘控制功能；

（4）按设计要求确定显示位数和单位；

（5）采用汇编或C语言编写应用程序并调试通过；

（6）对系统进行测试和结果分析；

（7）撰写设计报告和答辩 PPT。

6.6　管　理　类

6.6.1　基于 IC 卡的个人信息与计费管理系统

1. 目的及任务

（1）通过查阅相关资料，深入了解 IC 卡的原理及其与单片机的接口方式；

（2）学习有关操作界面的设计方法及制作；

（3）复习"MCS－51 单片机原理及 C 语言（或汇编语言）程序设计"的相关知识；

（4）设计基于 IC 卡的个人信息与计费管理系统的原理图，构建硬件平台；

（5）下位机采用汇编或 C 语言编写应用程序，上位机可采用任一高级语言编写应用程序；

（6）制作出样机并测试其能否达到功能（读/写数据信息）和技术指标要求；

（7）写出设计报告和答辩 PPT。

2. 具体工作内容

1）技术要求

（1）目标 IC 卡为 24C01；

（2）IC 卡的信息量不少于 256 B；

（3）可识别 IC 卡是否在线；

（4）显示用户的相关信息；

（5）能够鉴别非法 IC 卡；

（6）具有友好的人性化操作界面；

（7）具有可读/写数据信息的功能；

（8）利用 IC 卡的信息决定用户的权利和义务。

2）工作任务

（1）组建基于 IC 卡的个人信息与计费管理系统的总体结构框图；

（2）设计详细的原理图，通过理论分析和计算选择电路参数；

（3）根据操作功能要求，确定操作界面的控制功能；

（4）按设计要求确定显示方式及信息量；

（5）编写应用程序并调试通过；

（6）对系统进行测试和结果分析；

（7）撰写设计报告和答辩 PPT。

6.6.2　基于 IC 卡的用电管理系统

1. 目的及任务

（1）通过查阅相关资料，深入了解 IC 卡的原理及其与单片机的接口方式；

（2）学习有关操作界面的设计方法及制作；

（3）复习"MCS－51 单片机原理及 C 语言（或汇编语言）程序设计"的相关知识；

（4）设计基于 IC 卡的用电管理系统的原理图，构建硬件平台；

（5）采用汇编或 C 语言编写应用程序，上位机可采用任一高级语言编写应用程序；

（6）制作出样机并测试其能否达到功能（读/写数据信息）和技术指标要求；

（7）写出设计报告和答辩 PPT。

2. 具体工作内容

1）技术要求

（1）目标 IC 卡为 24C01；

（2）IC 卡的信息量不少于 256 B；

（3）可识别 IC 卡是否在线；

（4）显示用户的相关信息；

（5）能够鉴别非法 IC 卡；

（6）具有友好的人性化操作界面；

（7）具有可读/写数据信息的功能；

（8）利用 IC 卡的信息决定用户的权利和义务。

2）工作任务

（1）组建基于 IC 卡的用电管理系统的总体结构框图；

（2）设计详细的原理图，通过理论分析和计算选择电路参数；

（3）根据操作功能要求，确定操作界面的控制功能；

（4）按设计要求确定显示方式及信息量；

（5）编写应用程序并调试通过；

（6）对系统进行测试和结果分析；

（7）撰写设计报告和答辩 PPT。

6.7 数 据 传 输 类

6.7.1 数字逻辑故障诊断仪

1. 目的及任务

（1）通过查阅相关资料，深入了解数字逻辑故障诊断仪的原理；

（2）学习有关的电子技术知识；

（3）掌握可视化操作界面的设计；

（4）设计数字逻辑故障诊断仪的方框原理图，构建硬件平台；

（5）学习高级程序设计方法；

（6）制作出样机并测试其能否达到功能和技术指标要求；

（7）写出设计报告和答辩 PPT。

2. 具体工作内容

1）技术要求

（1）设计对 Altera 下载线的检测系统；

（2）编制对 Altera 下载线检测的 PC 操作界面；

（3）编制对 Altera 下载线检测的单片机程序并显示 PC 传来的结果；

（4）能够准确报告故障；

（5）操作简单，界面友好。

2）工作任务

（1）组建基于 FPGA 的数字逻辑故障诊断仪的总体结构框图；

（2）根据设计要求，制订显示界面；

（3）根据操作功能要求，确定控制功能；

（4）按设计要求确定显示位数、指示类型及故障名称；

（5）编写应用程序并调试通过；

（6）对系统进行测试和结果分析；

（7）撰写设计报告和答辩 PPT。

6.7.2　多通道数据采集及传输系统

1. 目的及任务

（1）通过查阅相关资料，深入了解数据采集的原理；

（2）学习有关的电子技术知识；

（3）掌握可视化操作界面的设计；

（4）设计多通道数据采集及传输系统的原理图，构建硬件平台；

（5）学习高级程序设计方法；

（6）制作出样机并测试其能否达到功能和技术指标要求；

（7）写出设计报告和答辩 PPT。

2. 具体工作内容

1）技术任务

（1）模拟信号电压为 0～3 V；

（2）编制 PC 操作界面；

（3）实时显示数据，并能够将数据保存在磁盘上，以备数据处理之用；

（4）可设定采集数据的通道及起始时间和终止时间；

（5）操作简单，界面友好。

2）工作任务

（1）组建多通道数据采集及传输系统的总体结构框图；

（2）根据测量范围和准确度要求，通过理论分析设计显示界面；

（3）根据操作功能要求，确定控制功能；

（4）按设计要求确定显示位数、指示类型及故障名称；

（5）编写应用程序并调试通过；

（6）对系统进行测试和结果分析；

（7）撰写设计报告和答辩 PPT。

6.8　数据捕获类

6.8.1　串行数据捕获记录仪

1. 目的及任务

(1) 通过查阅相关资料，深入了解串行通信原理、协议规范及电气参数；

(2) 学习有关操作界面的设计方法及制作；

(3) 复习"MCS-51单片机原理及C语言程序设计"的相关知识；

(4) 设计串行数据捕获记录仪的原理图，构建硬件平台；

(5) 编写上位机(VC或VB)、下位机(C语言或汇编语言)的应用程序；

(6) 制作出样机并测试其能否达到功能和技术指标要求；

(7) 写出设计报告和答辩PPT。

2. 具体工作内容

1) 技术要求

(1) 输入信号为串行通信线路上的数据流；

(2) 捕获的数据以磁盘文件形式适时保存；

(3) 利用操作界面开启或停止数据捕获；

(4) 在计算机上可以查看所保存的数据文件；

(5) 具有友好的人性化操作界面；

(6) 可作为串行通信设备调试时的得力帮手；

(7) 捕获数据的误差不超过±1%；

(8) 波特率要求能够自适应；

(9) 数据流按反方向及对应关系列表存放。

2) 工作任务

(1) 组建基于单片机的串行数据捕获记录仪的总体结构框图；

(2) 根据设计的捕获速率和准确度要求，通过理论分析和计算选择电路参数；

(3) 根据操作功能要求，确定操作界面的控制功能；

(4) 按设计要求确定数据文件的保存格式；

(5) 编写应用程序并调试通过；

(6) 对系统进行测试和结果分析；

(7) 撰写设计报告和答辩PPT。

6.8.2　多通路串行通信系统

1. 目的及任务

(1) 通过查阅相关资料，深入了解串行通信原理、协议(RS232)规范及电气参数；

(2) 学习有关操作界面的设计方法及制作；

(3) 复习"MCS-51单片机原理及C语言程序设计"的相关知识；

（4）设计多通路串行通信系统的原理图，构建硬件平台；

（5）编写上位机（VC 或 VB）、下位机（C 语言或汇编语言）的应用程序；

（6）制作出样机并测试其能否达到功能和技术指标要求；

（7）写出设计报告和答辩 PPT。

2. 具体工作内容

1）技术要求

（1）输入信号为串行通信线路上的数据流；

（2）根据数据流要求分为两路转发出去；

（3）利用操作界面开启或停止数据的转发；

（4）在计算机上可以查看所保存的数据文件；

（5）具有友好的人性化操作界面；

（6）可作为串行通信设备调试时的得力帮手；

（7）捕获数据的误差不超过 $\pm 1\%$；

（8）波特率要求能够自适应；

（9）数据流按反方向及对应关系列表存放。

2）工作任务

（1）组建基于单片机的多通路串行通信系统的总体结构框图；

（2）根据设计要求，通过理论分析和计算选择电路参数；

（3）根据操作功能要求，确定操作界面的控制功能；

（4）按设计要求确定数据文件的保存格式；

（5）编写应用程序并调试通过；

（6）对系统进行测试和结果分析；

（7）撰写设计报告和答辩 PPT。

6.9　温度控制类

6.9.1　储藏室温度、通风控制系统

1. 目的及任务

（1）通过查阅相关资料，深入了解温度控制的原理和方法；

（2）学习有关的电子技术知识；

（3）掌握可视化操作界面的设计知识；

（4）设计储藏室温度、通风控制系统的原理图，构建硬件平台；

（5）制作出样机并测试其能否达到功能和技术指标要求；

（6）写出设计报告和答辩 PPT。

2. 具体工作内容

1）技术要求

（1）温度范围为 $-55\,^{\circ}\!\text{C} \sim 125\,^{\circ}\!\text{C}$；

（2）通过继电器和小灯泡、小风扇的配合，当温度低于预定界限时，便启动加热装置（用小灯泡模拟），温度升高到预定范围内后停止加热，当温度高于预定界限时，便启动降温装置（用小风扇代替），温度降低到预定范围内后停止降温；

（3）实时显示被测点温度及地点；

（4）可设定检测温度的间隔时间、报警温度的上限值和下限值，调节时间为 3 分钟；

（5）操作简单，界面友好。

2）工作任务

（1）组建基于单片机的储藏室温度、通风控制系统的总体结构框图；

（2）根据设计要求，通过理论分析设计显示界面；

（3）根据操作功能要求，确定控制功能；

（4）按设计要求确定显示位数、指示类型；

（5）编写应用程序并调试通过；

（6）对系统进行测试和结果分析；

（7）撰写设计报告和答辩 PPT。

6.9.2　温室恒温控制系统

1. 目的及任务

（1）通过查阅相关资料，深入了解恒温控制系统的工作原理；

（2）学习有关的电子技术知识；

（3）掌握可视化操作界面的设计；

（4）设计温室恒温控制系统的原理图，构建硬件平台；

（5）制作出样机并测试其能否达到功能和技术指标要求；

（6）写出设计报告和答辩 PPT。

2. 具体工作内容

1）技术要求

（1）恒温 20℃，误差为 ±1℃，调节时间为 5 min；

（2）测量精度为 0.5℃，最多可达 4 位有效数字；

（3）通过继电器和小灯泡、小风扇的配合，当温度低于预定界限时，启动加热装置（用小灯泡模拟），温度升高到预定范围内后，停止加热装置，当温度高于预定界限时，启动降温装置（用小风扇代替），温度降低到预定范围内后，停止降温装置；

（4）实时显示被测点温度及地点；

（5）可设定恒温温度、报警时长和报警方式；

（6）操作简单，界面友好。

2）工作任务

（1）组建基于单片机的温室恒温控制系统的总体结构框图；

（2）根据设计的测量范围和准确度要求，通过理论分析制订显示界面；

（3）根据操作功能要求，确定控制功能；

（4）按设计要求确定显示位数、指示类型；

(5) 编写应用程序并调试通过；

(6) 对系统进行测试和结果分析；

(7) 撰写设计报告和答辩 PPT。

6.10　RC 测量类

6.10.1　基于阶跃法的 RC 电气参数测试仪

1. 目的及任务

(1) 通过查阅相关资料，深入了解电气参数(电阻、电容)的定义和概念；

(2) 学习电路的一阶过渡过程、数字信号处理及采样原理；

(3) 复习"MCS-51 单片机原理及 C 语言程序设计"，掌握其接口扩展，包括显示、键盘等；

(4) 设计基于阶跃法的 RC 电气参数测试仪的原理图，构建硬件平台；

(5) 采用汇编或 C 语言编写应用程序并调试通过；

(6) 制作出样机并测试其能否达到功能和技术指标要求；

(7) 写出设计报告和答辩 PPT。

2. 具体工作内容

1) 技术要求

(1) 实现对电阻、电容的测量；

(2) 通过按键操作可分别显示测量的状态及测量值；

(3) 六位数码管用于显示测量值及单位；

(4) 四个功能按键用于设定输出电压；

(5) 三个发光二极管用于显示工作状态；

(6) 通电后有上电提示的功能。

2) 工作任务

(1) 组建基于阶跃法的 RC 电气参数测试仪的总体结构框图；

(2) 根据电气参数测量仪的指标要求，通过理论分析和计算选择电路参数；

(3) 根据操作功能要求，确定键盘控制功能；

(4) 按设计要求确定显示位数、指示类型和单位；

(5) 编写应用程序并调试通过；

(6) 对系统进行测试和结果分析；

(7) 撰写设计报告和答辩 PPT。

6.10.2　基于正弦稳态法的 RC 电气参数测试仪

1. 目的及任务

(1) 通过查阅相关资料，深入了解电气参数(电阻、电容)的定义和概念；

(2) 学习数字信号处理及采样原理；

（3）复习"MCS-51 单片机原理及 C 语言程序设计"，掌握其接口扩展，包括显示、键盘等；

（4）设计正弦稳态法的 RC 电气参数测试仪的原理图，构建硬件平台；

（5）采用汇编或 C 语言编写应用程序并调试通过；

（6）制作出样机并测试其能否达到功能和技术指标要求；

（7）写出设计报告和答辩 PPT。

2. 具体工作内容

1）技术要求

（1）实现对电阻、电容的测量；

（2）通过按键操作可分别显示测量的状态及测量值；

（3）六位数码管用于显示测量值及单位；

（4）四个功能按键用于可设定输出电压；

（5）三个发光二极管用于显示工作状态；

（6）通电后有上电提示的功能。

2）工作任务

（1）组建基于正弦稳态法的 RC 电气参数测试仪的总体结构框图；

（2）根据电气参数测量仪的指标要求，通过理论分析和计算选择电路参数；

（3）根据操作功能要求，确定键盘控制功能；

（4）按设计要求确定显示位数、指示类型和单位；

（5）编写应用程序并调试通过；

（6）对系统进行测试和结果分析；

（7）撰写设计报告和答辩 PPT。

6.10.3 基于瞬时法的 RC 电气参数测试仪

1. 目的及任务

（1）通过查阅相关资料，深入了解电气参数（电阻、电容）的定义和概念；

（2）学习数字信号处理及采样原理；

（3）复习"MCS-51 单片机原理及 C 语言程序设计"，掌握其接口扩展，包括显示、键盘等；

（4）设计基于瞬时法的 RC 电气参数测试仪的原理图，构建硬件平台；

（5）采用汇编或 C 语言编写应用程序并调试通过；

（6）制作出样机并测试其能否达到功能和技术指标要求；

（7）写出设计报告和答辩 PPT。

2. 具体工作内容

1）技术要求

（1）实现对电阻、电容的测量；

（2）通过按键操作可分别显示测量的状态及测量值；

（3）六位数码管用于显示测量值及单位；

（4）四个功能按键用于设定输出电压；

（5）三个发光二极管用于显示工作状态；

（6）通电后有上电提示的功能。

2）工作任务

（1）组建基于瞬时法的 RC 电气参数测试仪的总体结构框图；

（2）根据电气参数测量仪的指标要求，通过理论分析和计算选择电路参数；

（3）根据操作功能要求，确定键盘控制功能；

（4）按设计要求确定显示位数、指示类型和单位；

（5）编写应用程序并调试通过；

（6）对系统进行测试和结果分析；

（7）撰写设计报告和答辩 PPT。

6.10.4 复阻抗测量仪

1. 目的及任务

（1）通过查阅相关资料，深入了解复阻抗的定义和概念；

（2）学习数字信号处理及采样原理；

（3）复习"MCS-51 单片机原理及 C 语言程序设计"，掌握其接口扩展，包括显示、键盘等；

（4）设计复阻抗测量仪的原理图，构建硬件平台；

（5）采用汇编或 C 语言编写应用程序并调试通过；

（6）制作出样机并测试其能否达到功能和技术指标要求；

（7）写出设计报告和答辩 PPT。

2. 具体工作内容

1）技术要求

（1）测量一条支路的复阻抗；

（2）通过按键操作可分别显示复阻抗的模，以及复阻抗的实部和虚部；

（3）六位数码管用于显示结果及单位；

（4）四个按键用于设定功能；

（5）三个发光二极管用于显示工作状态；

（6）通电后有上电提示的功能。

2）工作任务

（1）组建复阻抗测量仪的总体结构框图；

（2）根据要求，通过理论分析和计算选择电路参数；

（3）根据操作功能要求，确定键盘控制功能；

（4）按设计要求确定显示位数、指示类型和单位；

（5）编写应用程序并调试通过；

（6）对系统进行测试和结果分析；

（7）撰写设计报告和答辩 PPT。

6.10.5　功率测量仪

1. 目的及任务

（1）通过查阅相关资料，深入了解电功率的定义和概念；

（2）学习数字信号处理及采样原理；

（3）复习"MCS－51单片机原理及C语言程序设计"，掌握其接口扩展，包括显示、键盘等；

（4）设计功率测量仪的原理图，构建硬件平台；

（5）采用汇编或C语言编写应用程序并调试通过；

（6）制作出样机并测试其能否达到功能和技术指标要求；

（7）写出设计报告和答辩PPT。

2. 具体工作内容

1）技术要求

（1）测量一条支路的功率；

（2）通过按键操作可分别显示视在功率、有功功率和无功功率；

（3）六位数码管用于显示结果及单位；

（4）四个按键用于设定功能；

（5）三个发光二极管用于显示工作状态；

（6）通电后有上电提示的功能。

2）工作任务

（1）组建功率测量仪的总体结构框图；

（2）根据功率测量仪的指标要求，通过理论分析和计算选择电路参数；

（3）根据操作功能要求，确定键盘控制功能；

（4）按设计要求确定显示位数、指示类型和单位；

（5）编写应用程序并调试通过；

（6）对系统进行测试和结果分析；

（7）撰写设计报告和答辩PPT。

6.11　逻辑分析和PLD类

6.11.1　单片机存储器地址和数据捕捉记录及分析仪

1. 目的及任务

（1）通过查阅相关资料，深入了解数字逻辑分析仪的工作原理；

（2）学习数字信号处理及采样原理；

（3）学习点阵液晶显示器的工作原理及使用方法；

（4）复习"MCS－51单片机原理及C语言程序设计"，掌握其接口扩展，包括显示、键盘等；

（5）设计单片机存储器地址和数据捕捉记录及分析仪的原理图，构建硬件平台；

（6）采用汇编或 C 语言编写应用程序并调试通过；

（7）制作出样机并测试其能否达到功能和技术指标要求；

（8）写出设计报告和答辩 PPT。

2. 具体工作内容

1）技术要求

（1）设计单片机存储器地址和数据捕捉记录及分析仪的测试板卡原理图；

（2）采用液晶显示地址和数据；

（3）可根据需要采用滚行显示；

（4）可通过按键操作显示指定的地址及数据；

（5）存储深度为 32 KB；

（6）具有五个功能按键。

2）工作任务

（1）组建基于单片机存储器地址和数据捕捉记录及分析仪的总体结构框图；

（2）根据设计的存储深度，选择元器件，通过理论分析和计算选择电路参数；

（3）根据操作功能要求，确定键盘控制功能；

（4）按设计要求确定显示格式，合理安排内容；

（5）编写应用程序并调试通过；

（6）对系统进行测试和结果分析；

（7）撰写设计报告和答辩 PPT。

6.11.2　基于 PLD 的液晶等精度频率、脉宽测量仪

1. 目的及任务

（1）通过查阅相关资料，深入了解频率、脉冲宽度测量的概念及测量原理；

（2）学习可编程器件的应用及硬件语言；

（3）学习有关的数字信号处理及采样原理，学习点阵液晶显示器的工作原理及使用方法；

（4）复习“MCS - 51 单片机原理及 C 语言程序设计”，掌握其接口扩展，包括显示、键盘等；

（5）设计等精度频率、脉宽测量仪的原理图，构建硬件平台；

（6）采用汇编或 C 语言编写应用程序并调试通过；

（7）制作出样机并测试其能否达到功能和技术指标要求；

（8）写出设计报告和答辩 PPT。

2. 具体工作内容

1）技术要求

（1）脉宽测量范围为 100 μs～100 ms；

（2）频率测量范围为 10 Hz～10 MHz；

（3）采用液晶显示测量值及单位；

（4）可根据需要采用滚行显示；

（5）具有五个功能按键。

2）工作任务

（1）组建基于 PLD 的液晶等精度频率、脉宽测量仪的总体结构框图；

（2）根据题目要求，选择元器件，通过理论分析和计算选择电路参数；

（3）根据操作功能要求，确定键盘控制功能；

（4）按设计要求确定显示格式，合理安排内容；

（5）编写应用程序并调试通过；

（6）对系统进行测试和结果分析；

（7）撰写设计报告和答辩 PPT。

6.11.3　基于 PLD 的液晶数字电子钟

1. 目的及任务

（1）通过查阅相关资料，深入了解数字电子钟的工作原理；

（2）学习可编程器件（主要功能在该器件中完成）的应用及硬件语言；

（3）学习点阵液晶显示器的工作原理及使用方法；

（4）复习"MCS-51 单片机原理及 C 语言程序设计"，掌握其接口扩展，包括显示、键盘等；

（5）设计液晶电子钟的原理图，构建硬件平台；

（6）采用汇编或 C 语言编写应用程序并调试通过；

（7）制作出样机并测试其能否达到功能和技术指标要求；

（8）写出设计报告和答辩 PPT。

2. 具体工作内容

1）技术要求

（1）采用液晶显示年月日、时分秒；

（2）可根据按键操作改变显示字符的大小；

（3）可通过按键操作显示当日农历日期；

（4）布局合理大方；

（5）具有五个功能按键。

2）工作任务

（1）组建基于 PLD 的液晶数字电子钟的总体结构框图；

（2）根据题目要求，选择元器件，通过理论分析和计算选择电路参数；

（3）根据操作功能要求，确定键盘控制功能；

（4）按设计要求确定显示格式，合理安排内容；

（5）编写应用程序并调试通过；

（6）对系统进行测试和结果分析；

（7）撰写设计报告和答辩 PPT。

6.11.4　基于 PLD 的液晶数字频率计

1. 目的及任务

(1) 通过查阅相关资料，深入了解液晶数字频率计的工作原理；

(2) 学习可编程器件(主要功能在该器件中完成)的应用及硬件语言；

(3) 学习点阵液晶显示器的工作原理及使用方法；

(4) 复习"MCS-51 单片机原理及 C 语言程序设计"，掌握其接口扩展，包括显示、键盘等；

(5) 设计液晶数字频率计的原理图，构建硬件平台；

(6) 采用汇编或 C 语言编写应用程序并调试通过；

(7) 制作出样机并测试其能否达到功能和技术指标要求；

(8) 写出设计报告和答辩 PPT。

2. 具体工作内容

1) 技术要求

(1) 频率测量范围为 20 Hz～10 kHz；

(2) 采用液晶显示频率值及其单位；

(3) 可根据按键操作改变显示字符的大小；

(4) 布局合理大方；

(5) 具有五个功能按键。

2) 工作任务

(1) 组建基于 PLD 的液晶数字频率计的总体结构框图；

(2) 根据题目要求，选择元器件，通过理论分析和计算选择电路参数；

(3) 根据操作功能要求，确定键盘控制功能；

(4) 按设计要求确定显示格式，合理安排内容；

(5) 编写应用程序并调试通过；

(6) 对系统进行测试和结果分析；

(7) 撰写设计报告和答辩 PPT。

6.12　数据流发生类

6.12.1　并行数据流发生器

1. 目的及任务

(1) 通过查阅相关资料，了解数据通信原理及应用；

(2) 学习数字信号处理及采样原理；

(3) 复习"MCS-51 单片机原理及 C 语言程序设计"，掌握其接口扩展，包括显示、键盘等；

（4）设计设计并行数据流发生器原理图，构建硬件平台；

（5）采用 C 语言编写应用程序并调试通过；

（6）制作出样机并测试其能否达到功能和技术指标要求；

（7）写出设计报告和答辩 PPT。

2. 具体工作内容

1）技术要求

（1）能够显示工作环境的温度、湿度；

（2）采用 8 位数码管显示；

（3）有 24 个功能按键，可用于设定工作方式；

（4）显示工作方式及状态；

（5）可产生并行数据流，并可设定速率。

2）工作任务

（1）组建并行数据流发生器的总体结构框图；

（2）通过理论分析和计算选择电路参数；

（3）根据操作功能要求，确定键盘控制功能；

（4）按设计要求确定显示位数、指示类型等；

（5）采用 C 语言编写应用程序并调试通过；

（6）对系统进行测试和结果分析；

（7）撰写设计报告和答辩 PPT。

6.12.2　串行数据流发生器

1. 目的及任务

（1）通过查阅相关资料，了解数据通信原理及应用；

（2）学习数字信号处理及采样原理；

（3）复习"MCS-51 单片机原理及 C 语言程序设计"，掌握其接口扩展，包括显示、键盘等；

（4）设计串行数据流发生器的原理图，构建硬件平台；

（5）采用 C 语言编写应用程序并调试通过；

（6）制作出样机并测试其能否达到功能和技术指标要求；

（7）写出设计报告和答辩 PPT。

2. 具体工作内容

1）技术要求

（1）能够显示工作环境的温度、湿度；

（2）采用 8 位数码管显示；

（3）有 24 个功能按键，可用于设定工作方式；

（4）显示工作方式及状态；

（5）可产生串行数据流，并可设定通信波特率。

2）工作任务

（1）组建串行数据流发生器的总体结构框图；

（2）通过理论分析和计算选择电路参数；

（3）根据操作功能要求，确定键盘控制功能；

（4）按设计要求确定显示位数、指示类型等；

（5）采用 C 语言编写应用程序并调试通过；

（6）对系统进行测试和结果分析；

（7）撰写设计报告和答辩 PPT。

6.13　超声波传感器应用类

6.13.1　智能超声波测距仪

1. 目的及任务

（1）通过查阅相关资料，了解超声波的基础知识及应用；

（2）学习数字信号处理及采样原理；

（3）复习"MCS - 51 单片机原理及 C 语言程序设计"，掌握其接口扩展，包括显示、键盘等；

（4）设计智能超声波测距仪的原理图，构建硬件平台；

（5）采用 C 语言编写应用程序并调试通过；

（6）制作出样机并测试其能否达到功能和技术指标要求；

（7）写出设计报告和答辩 PPT。

2. 具体工作内容

1）技术要求

（1）能够显示工作环境的温度、湿度；

（2）采用点阵液晶显示工作状态及测量信息；

（3）有 4 个功能按键，可用于设定工作方式；

（4）能识别 10 m 以内的距离。

2）工作任务

（1）组建智能超声波测距仪的总体结构框图；

（2）通过理论分析和计算选择电路参数；

（3）根据操作功能要求，确定键盘控制功能；

（4）按设计要求确定显示位数、指示类型等；

（5）采用 C 语言编写应用程序并调试通过；

（6）对系统进行测试和结果分析；

（7）撰写设计报告和答辩 PPT。

6.13.2 智能超声波车流量监视系统

1. 目的及任务

（1）通过查阅相关资料，了解超声波的基础知识及应用；

（2）学习数字信号处理及采样原理；

（3）复习"MCS-51单片机原理及C语言程序设计"，掌握其接口扩展，包括显示、键盘等；

（4）设计智能超声波车流量监视系统的原理图，构建硬件平台；

（5）采用C语言编写应用程序并调试通过；

（6）制作出样机并测试其能否达到功能和技术指标要求；

（7）写出设计报告和答辩PPT。

2. 具体工作内容

1）技术要求

（1）能够显示工作环境的温度、湿度；

（2）采用点阵液晶显示工作状态及测量信息；

（3）有4个功能按键，可用于设定工作方式；

（4）能识别10 m以内的距离；

（5）能够统计不同时间段的汽车流量，实时显示过往车辆的密度。

2）工作任务

（1）组建智能超声波车流量监视系统的总体结构框图；

（2）通过理论分析和计算选择电路参数；

（3）根据操作功能要求，确定键盘控制功能；

（4）按设计要求确定显示位数、指示类型等；

（5）采用C语言编写应用程序并调试通过；

（6）对系统进行测试和结果分析；

（7）撰写设计报告和答辩PPT。

6.13.3 智能超声波速度测量仪

1. 目的及任务

（1）通过查阅相关资料，了解超声波的基础知识及应用；

（2）学习数字信号处理及采样原理；

（3）复习"MCS-51单片机原理及C语言程序设计"，掌握其接口扩展，包括显示、键盘等；

（4）设计智能超声波速度测量仪的原理图，构建硬件平台；

（5）采用C语言编写应用程序并调试通过；

（6）制作出样机并测试其能否达到功能和技术指标要求；

（7）写出设计报告和答辩 PPT。

2. 具体工作内容

1）技术要求

（1）能够显示工作环境的温度、湿度；

（2）采用点阵液晶显示工作状态及测量信息；

（3）有 4 个功能按键，可用于设定工作方式；

（4）记录车辆通过的时刻；

（5）实时显示过往车辆的行进速度。

2）工作任务

（1）组建智能超声波速度测量仪的总体结构框图；

（2）通过理论分析和计算选择电路参数；

（3）根据操作功能要求，确定键盘控制功能；

（4）按设计要求确定显示位数、指示类型等；

（5）采用 C 语言编写应用程序并调试通过；

（6）对系统进行测试和结果分析；

（7）撰写设计报告和答辩 PPT。

6.14　电子琴类

6.14.1　基于单片机的简易电子琴

1. 目的及任务

（1）通过查阅相关资料，了解音阶与频率的对应关系；

（2）学习数字信号处理及采样原理；

（3）复习"MCS‐51 单片机原理及 C 语言程序设计"，掌握其接口扩展，包括显示、键盘等；

（4）设计基于单片机的简易电子琴的原理图，构建硬件平台；

（5）采用 C 语言编写应用程序并调试通过；

（6）制作出样机并测试其能否达到功能和技术指标要求；

（7）写出设计报告和答辩 PPT。

2. 具体工作内容

1）技术要求

（1）能够显示所播放的声音频率；

（2）8 个数码管用于显示电子琴的工作状态；

（3）24 个功能按键用于演奏简单歌曲；

（4）通过键盘可确定演奏歌曲所使用的声调。

2）工作任务

（1）组建基于单片机的简易电子琴的总体结构框图；

（2）通过理论分析和计算选择电路参数；

（3）根据操作功能要求，确定键盘控制功能；

（4）按设计要求确定显示位数、指示类型等；

（5）采用 C 语言编写应用程序并调试通过；

（6）对系统进行测试和结果分析；

（7）撰写设计报告和答辩 PPT。

6.14.2　基于单片机的简谱记录仪

1. 目的及任务

（1）通过查阅相关资料，了解音阶与频率的对应关系；

（2）学习数字信号处理及采样原理；

（3）复习"MCS－51 单片机原理及 C 语言程序设计"，掌握其接口扩展，包括显示、键盘等；

（4）设计基于单片机的简谱记录仪的原理图，构建硬件平台；

（5）采用 C 语言编写应用程序并调试通过；

（6）制作出样机并测试其能否达到功能和技术指标要求；

（7）写出设计报告和答辩 PPT。

2. 具体工作内容

1）技术要求

（1）能够显示当前音调；

（2）8 个数码管用于显示电子琴的工作状态；

（3）可设置记录深度（取决于存储容量）；

（4）可记录歌唱人的声音（以简谱形式记录）；

（5）可传送给上位机（串行方式）；

（6）可接收特定格式的数据文件在本设备上播放。

2）工作任务

（1）组建基于单片机的简谱记录仪的总体结构框图；

（2）通过理论分析和计算选择电路参数；

（3）根据操作功能要求，确定键盘控制功能；

（4）按设计要求确定显示位数、指示类型等；

（5）采用 C 语言编写应用程序并调试通过；

（6）对系统进行测试和结果分析；

（7）撰写设计报告和答辩 PPT。

附录 C51 库函数

C51 编译器的运行库中包含丰富的库函数，使用库函数可大大简化用户的程序设计工作，提高编程效率。每个库函数都在相应的头文件中给出了函数原型声明，用户如果需要使用库函数，必须在源程序的开始处采用预处理指令 #include 将有关的头文件包含进来。如果省略了头文件，将不能保证函数的正确运行。C51 库函数中类型的选择考虑到了 8051 系列单片机的结构特性，用户在自己的应用程序中应尽可能地使用最少的数据类型，以最大限度地发挥 8051 系列单片机的性能，同时可减少应用程序的代码长度。下面将常用 C51 库函数分类列出并作必要的解释。

1. 一般 I/O 函数 STDIO.H

C51 库中包含字符 I/O 函数，它们通过 8051 系列单片机的串行接口工作，如果希望支持其他 I/O 接口，只需要改动 getkey() 和 putchar() 函数，库中所有其他 I/O 支持函数都依赖于这两个函数模块，不需要改动。另外需要注意，在使用 8051 系列单片机的串行口之前，应先对其进行初始化。例如，以 2400 波特率(12 MHz 时钟频率)初始化串行口如下：

```
SCON＝0x52；        /＊SCON 置初值＊/
TMOD＝0x20；        /＊TMOD 置初值＊/
TH1＝Oxf3；         /＊T1 置初值＊/
TR1＝1；            /＊启动 T1＊/
```

当然也可以采用其他波特率来对串行口进行初始化。注意：此处使用了定时/计数器 1，若用户程序中使用了定时/计数器 0，则应注意两者不能相互影响，因为 TOMD 寄存器同时管理着定时/计数器 0 和 1。

函数原型：extern char _getkey()；

再入属性：reentrant

功　　能：从 8051 的串口读入一个字符，然后等待字符输入，这个函数是改变整个输入端口机制时应作修改的唯一一个函数。

函数原型：extern char getchar()；

再入属性：reentrant

功　　能：getchar 使用_getkey 从串口读入字符，并将读入的字符马上传给 putchar

函数输出，其他与_getkey 函数相同。

函数原型：extern char *gets(char *s, int n)；

再入属性：non-reentrant

功　　能：该函数通过 getchar 从串口读入一个长度为 n 的字符串并存入由 s 指向的数组。输入时一旦检测到换行符就结束字符输入。输入成功时返回传入的参数指针，失败时返回 NULL。

函数原型：extern char ungetchar(char)；

再入属性：reentrant

功　　能：将输入字符回送输入缓冲区，因此下次 gets 或 getchar 可用该字符。成功时返回 char，失败时返回 EOF，不能用 ungetchar 处理多个字符。

函数原型：extern char ungetkey(char)；

再入属性：reentrant

功　　能：将输入的字符送回输入缓冲区并将其值返回给调用者，下次使用_getkey 时可获得该字符，不能写回多个字符。

函数原型：extern char putchar(char)；

再入属性：reentrant

功　　能：通过 8051 串行口输出字符，与函数_getkey 一样，这是改变整个输出机制所需修改的唯一一个函数。

函数原型：externtint printf(const char * , ...)；

再入属性：non-reentrant

功　　能：printf 以一定的格式通过 8051 的串行口输出数值和字符串，返回值为实际输出的字符数。参数可以是字符串指针、字符或数值，第一个参数必须是格式控制字符串指针。允许作为 printf 参数的总字节数受 C51 库的限制。由于 8051 系列单片机结构上存储空间有限，因此在 SMALL 和 COMPACT 编译模式下最大可传递 15B 的参数（即 5 个指针，或 1 个指针和 3 个长字），在 LARGE 编译模式下最多可传递 40B 的参数。格式控制字符串具有如下形式（方括号内是可选项）：

%[flags][width][.precision]type

格式控制串总是以%开始的。

flags 称为标志字符，用于控制输出位置、符号、小数点以及八进制数和十六进制数的前缀等，其内容和意义如表 A-1 所示。

flags 选项	意　　义
—	输出左对齐
＋	输出如果是有符号数值，则在前面加上＋/－号
空格	输出值如果为正，则左边补以空格，否则不显示空格
♯	如果它与 0、x 或 X 联用，则在非 0 输出值前面加上 0、0x 或 0X。当它与值类型字符 g、G、f、e、E 联用时，使输出值中产生一个十进制的小数点
b,B	当它们与格式类型字符 d、o、u、x 或 X 联用时，使参数类型被接收为[unsigned] char，如%bu、%bx 等
l,L	当它们与格式类型字符 d、o、u、x 或 X 联用时，使参数类型被接收为[unsigned] long，如%ld、%lx 等
*	下一个参数将不作输出

width 用来定义参数欲显示的字符数，它必须是一个正的十进制数，如果实际显示的字符数小于 width，则在输出左端补以空格，如果 width 以 0 开始，则在左端补以 0。

precision 用来表示输出精度，它是由小数点"."加上一个非负的十进制整数构成的。指定精度时可能会导致输出值被截断，或在输出浮点数时引起输出值的四舍五入。可以用精度来控制输出字符的数目、整数值的位数或浮点数的有效位数。也就是说，对于不同的输出格式，精度具有不同的意义。

type 称为输出格式转换字符，其内容和意义如表 A - 2 所示。例如：

printf("Int_val%d, Char_val%bd, Long_val%ld", i,c,l)

printf("Pointer%p",&Array[10])

格式转换字符	类型	输 出 格 式
d	int	有符号十进制数（16 位）
u	int	无符号十进制数
o	int	无符号八进制数
x,X	int	无符号十六进制数
f	float	[—]ddddd.ddddd 形式的浮点数
e,E	float	[—]d.ddddE[sign]dd 形式的浮点数
g,G	float	选择 e 或 f 形式中更紧凑的一种输出格式
c	char	单个字符
s	pointer	结束符为"0\"的字符串
p	pointer	带存储器类型标志和偏移的指针 M：aaaa。其中，M 可分别为 C(ode)、D(ata)、I(data)或 P(data)，aaaa 为指针偏移量

函数原型：extern int sprintf(char * s, const char * , ...);

再入属性：non-reentrant

功　　能：sprintf 与 printf 的功能相似，但数据不是输出到串行口，而是通过一个指针 s，送入可寻址的内存缓冲区，并以 ASCII 码的形式储存。sprintf 允许输出的参数总字节数与 printf 完全相同。

函数原型：extern intputs(const char * s);
再入属性：reentrant
功　　能：将字符串和换行符写入串行口，错误时返回 EOF，否则返回一个非负数。

函数原型：extern int scanf(const char * , ...);
再入属性：non-reentrant
功　　能：scanf 在格式控制串的控制下，利用 getchar 函数从串行口读入数据，每遇到一个符合格式控制串规定的值，就将它按顺序存入由参数指针指向的存储单元。注意，每个参数都必须是指针。scanf 返回它所发现并转换的输入项数，若遇到错误则返回 EOF。格式控制串具有如下形式（方括号内为可选项）：

%[flags][width]type

格式控制串总是以%开始的。

flags 称为标志符，它的内容和意义如表 A-3 所示。

表 A-3　flags 选项及其意义

flags 选项	意　　义
*	输入被忽略
b, h	用作格式类型 d、o、u、x 或 X 的前缀，用这个前缀可将参数定义为字符指针，指示输入整型数，如%bu、%bx
l	用作格式类型 d、o、u、x 或 X 的前缀，用这个前缀可将参数定义为长指针，指示输入整型数，如%lu、%lx

width 是一个十进制的正整数，用来控制输入数据的最大长度或字符数目。

type 称为输入格式转换字符，其内容和意义如表 A-4 所示。

表 A-4　type 选项及其意义

格式转换字符	类型	输入格式
d	ptr to int	有符号的十进制数
u	ptr to int	无符号的十进制数
o	ptr to int	无符号的八进制数
x	ptr to int	无符号的十六进制数
f,e,g	ptr to float	浮点数
c	ptr to char	一个字符
s	ptr to string	一个字符串

例如：

scanf("%d%bd%ld", &i, &c, &l)

scanf("%3s %c", &string[0], &character)

函数原型：extern int sscanf(char *s, const char * , …);

再入属性：non-reentrant

功　　能：sscanf 与 scanf 的输入方式相似，但字符串的输入不是通过串行口，而是通过另一个以空结束的指针。sscanf 参数允许的总字节数受 C51 库的限制，在 SMALL 和 COMPACT 编译模式下，最大允许传递 15B 的参数（即 5 个指针，或 2 个指针、2 个长整型和 1 个字符型），在 LARGE 编译模式下最大允许传递 40B 的参数。

2. 数学函数 MATH.H

函数原型：extern int abs(int val);

extern char cabs(char val);

extern float fabs(float val);

extern long labs(long val);

再入属性：reentrant

功　　能：abs 计算并返回 val 的绝对值，如果 val 为正，则不作改变就返回，如果为负，则返回相反数。这四个函数除了变量和返回值类型不同之外，其他功能完全相同。

函数原型：extern float exp(float x);

extern float log(float x);

extern float log10(float x);

再入属性：non-reentrant

功　　能：exp 返回以 e 为底 x 的幂，log 返回 x 的自然对数（e＝2.718 282），log10 返回以 10 为底 x 的对数。

函数原型：extern float sqrt(float x);

再入属性：non-reentrant

功　　能：sqrt 返回 x 的正平方根。

函数原型：externt int rand();

extern void srand(int n);

再入属性：reentrant/non-reentrant

功　　能：rand 返回一个在 0～32 767 之间的伪随机数，srand 用来将随机数发生器初始化成一个已知（或期望）值，对 rand 的相继调用将产生相同序列的随机数。

函数原型：extern float cos(float x)；

　　　　　　extern float sin(float x)；

　　　　　　extern float tan(float x)；

再入属性：non-reentrant

功　　能：cos 返回 x 的余弦值，sin 返回 x 的正弦值，tan 返回 x 的正切值，所有函数的变量范围都是 $-\pi/2 \sim +\pi/2$。变量的值必须在 $-65\ 535 \sim +65\ 535$ 之间，否则会产生一个 NaN 错误。

函数原型：extern float acos(float x)；

　　　　　　extern float asin(float x)；

　　　　　　extern float atan(float x)；

　　　　　　extern float atan2(float y，float x)；

再入属性：non-reentrant

功　　能：acos 返回 x 的反余弦值，asin 返回 x 的反正弦值，atan 返回 x 的反正切值，它们的值域为 $-\pi/2 \sim +\pi/2$。atan2 返回 x/y 的反正切值，其值域为 $-\pi \sim +\pi$。

函数原型：extern float cosh(float x)；

　　　　　　extern float sinh(float x)：

　　　　　　extern float tanh(float x)；

再入属性：non-reentrant

功　　能：cosh 返回 x 的双曲余弦值，sinh 返回 x 的双曲正弦值，tabh 返回 x 的双曲正切值。

函数原型：extern void fpsave(struct FPBUF ＊p)；

　　　　　　extern void fprestore(struct FPBUF ＊p)；

再入属性：reentrant

功　　能：fpsave 保存浮点子程序的状态，fprestore 恢复浮点子程序的原始状态，当中断程序中需要执行浮点运算时，这两个函数是很有用的。

函数原型：extern float ceil(float x)；

再入属性：nor-reentrant

功　　能：ceil 返回一个不小于 x 的最小整数(作为浮点数)。

函数原型：extern float floor(float x)；

再入属性：non-reentrant

功　　能：floor 返回一个不大于 x 的最大整数(作为浮点数)。

函数原型：extern float modf(float x，float ＊ip)；

再入属性：non-reentrant

功　　能：modf 将浮点数 x 分成整数和小数两部分，两者都含有与 x 相同的符号，整数部分放入 * ip 中，小数部分作为返回值。

函数原型：extern float pow(float x, float y);

再入属性：non-reentrant

功　　能：pow 计算 x^y 的值，如果变量的值不合要求，则返回 NaN。当 x＝＝0 且 y＜＝0或当 x＜0 且 y 不是整数时会发生错误。

3. 绝对地址访问 ABSACC.H

函数原型：#define CBYTE((unsigned char *)0x50000L)

　　　　　#define DBYTE((unsigned char *)0x40000L)

　　　　　#define PBYTE((unsigned char *)0x30000L)

　　　　　#define XBYTE((unsigned char *)0xE0000L)

再入属性：reentrant

功　　能：上述宏定义用来对 8051 系列单片机的存储器空间进行绝对地址访问，可以作字节寻址。CBYTE 寻址 CODE 区，DBYTE 寻址 DATA 区，PBYTE 寻址分页 XDATA 区（采用 MOVX @R0 指令），XBYTE 寻址 XDATA 区（采用 MOVX @DPTR 指令）。例如，下列指令在外部存储器区域访问地址 0x1000：

　　　　　xval=XBYTE[0x1000];

　　　　　XBYTE[0x1000]=20;

通过使用 #define 预处理命令，可采用其他符号定义绝对地址，例如：

#define XIO XBYTE[0x1000]

即将符号 XIO 定义成外部数据存储器地址 0x1000。

函数原型：#define CWORD((unsigned int *)0x50000L)

　　　　　#define DWORD((unsigned int *)0x40000L)

　　　　　#define PWORD((unsigned int *)0x30000L)

　　　　　#define XWORD((unsigned int *)0x20000L)

再入属性：reentrant

功　　能：这个宏与前面一个宏相似，只是它们指定的数据类型为 unsigned int。通过灵活运用不同的数据类型，所有的 8051 地址空间都可以进行访问。

4. 内部函数 INTRINS.H

函数原型：unsigned char _crol_(unsigned char val, unsigned char n);

　　　　　unsigned int _irol_(unsigned int val, unsigned char n);

　　　　　unsigned long _lrol_(unsigned long val, unsigned char n);

再入属性：reentrant/intrinsc。

功　　能：_crol_、_irol_和_lrol_将变量 val 循环左移 n 位，它们与 8051 单片机的

"RLA"指令相关。这些函数的不同之处在于参数和返回值的类型不同。

例如：

```
#include<intrins.h>
main()
{
  unsigned int y;
  y=0x00ff;
  y=_irol_(y,4);      /* y 的值成为 0x0ff0 */
}
```

函数原型：unsigned char _cror_(unsigned char val, unsigned char n);
　　　　　unsigned int _iror_(unsigned int val, unsigned char n);
　　　　　unsigned long _lror_(unsigned long val, unsigned char n);

再入属性：reentrant/intrinsc。

功　能：_cror_、_iror_和_lror_将变量 val 循环右移 n 位，它们与 8051 单片机的"RRA"指令相关。这些函数的不同之处在于参数和返回值类型不同。

例如：

```
#include<intrins.h>
main()
{
  unsigned int y;
  y=0xff00;
  y=_iror_(y,4);      /* y 的值成为 0x0ff0 */
}
```

函数原型：void _nop_(void);

再入属性：reentrant/intrinsc

功　能：_nop_产生一个 8051 单片机的 NOP 指令，该函数用于 C 语言程序中的时间延时，C51 编译器在程序调用_nop_函数的地方直接产生一条 NOP 指令。

例如：

```
P0=1;
_nop_();       /* 等待一个时钟周期 */
P0=0;
```

函数原型：bit _testbit_(bit x);

再入属性：reentrant/intrinsc

功　能：_testbit_产生一个 8051 单片机的 JBC 指令，该函数对字节中的一位进行测试。如果该位置位则函数返回 1，同时将该位复位为 0，否则返回 0。_testbit_函数只能用于可直接寻址的位，不允许在表达式中使用。

例如：

```
♯include<intrins.h>
char val；
bit flag；
main()
{
        if（！_testbit_(flag)）val－－；
}
```

5. 访问 SFR 和 SFR_bit 地址 REGXXX.H

头文件 REGxxx.h 中定义了多种 8051 单片机中的特殊功能寄存器(SFR)名，从而可简化用户的程序。实际上用户也可以自己定义相应的头文件。下面是一个采用头文件 reg51.h 的例子：

```
♯include ＜reg51.h＞
main()
{
        if（P0＝＝0x10）P1＝0x510；/＊P0、P1 已在头文件 reg51.h 中定义 ＊/
}
```

参 考 文 献

[1] 王建校，杨建国，宁改娣，等. 51 系列单片机及 C51 程序设计. 北京：科学出版社，2002.

[2] 王建校，张虹，金印彬. 电子系统设计与实践. 北京：高等教育出版社，2008.

[3] 郭天祥. 新概念 51 单片机 C 语言教程. 北京：电子工业出版社，2009.

[4] 庹先国，余小平，奚大顺. 电子系统设计：基础篇. 北京：航空航天大学出版社，2014.